U0267794

北京理工大学"双一流"建设精品出版工程

# Thermal Protection Coating Technology for Aerospace

# 航空航天热防护涂层技术

马壮 刘玲 柳彦博◎编著

北京理工大学出版社
BEIJING INSTITUTE OF TECHNOLOGY PRESS

## 内 容 简 介

本书主要针对新型航空发动机和超声速飞行器等先进军事装备热端构件，全面介绍了热障涂层和防隔热涂层的材料、技术和应用等相关研究现状和成果。紧跟近年来该领域的发展趋势，瞄准高推比发动机超高温热环境对热障涂层高温低光子导热材料的战略需求，汇集了热障涂层在此方向的最新研究成果。此外，本书介绍的防隔热涂层技术针对现阶段的超声速飞行器和未来高超声速飞行器的战略需求，对其材料、结构设计和应用的最新研究进行了阐述。

**版权专有　侵权必究**

**图书在版编目（C I P）数据**

航空航天热防护涂层技术 / 马壮，刘玲，柳彦博编
著． －－北京：北京理工大学出版社，2022.8
ISBN 978 - 7 - 5763 - 1574 - 5

Ⅰ．①航… Ⅱ．①马… ②刘… ③柳… Ⅲ．①航空材料－高温抗氧化涂层－教材②航天材料－高温抗氧化涂层－教材 Ⅳ．①V25

中国版本图书馆 CIP 数据核字（2022）第 156084 号

出版发行 / 北京理工大学出版社有限责任公司
社　　址 / 北京市海淀区中关村南大街 5 号
邮　　编 / 100081
电　　话 / (010) 68914775（总编室）
　　　　　 (010) 82562903（教材售后服务热线）
　　　　　 (010) 68944723（其他图书服务热线）
网　　址 / http://www.bitpress.com.cn
经　　销 / 全国各地新华书店
印　　刷 / 三河市华骏印务包装有限公司
开　　本 / 787 毫米 × 1092 毫米　1/16
印　　张 / 9.25
彩　　插 / 2
字　　数 / 200 千字
版　　次 / 2022 年 8 月第 1 版　2022 年 8 月第 1 次印刷
定　　价 / 48.00 元

责任编辑 / 高　芳
文案编辑 / 宋　肖
责任校对 / 周瑞红
责任印制 / 李志强

**图书出现印装质量问题，请拨打售后服务热线，本社负责调换**

在航空航天领域中，热防护一直是研发过程中面临的关键问题，也常常是亟待突破的瓶颈。在飞行器服役过程中，最为苛刻的热环境分别是气动加热环境以及燃流环境。前者的代表为高超声速飞行器的外部迎风结构件，而承受燃流环境的零部件主要为发动机的内部热端结构件。随着高速飞行器与新型发动机研发工作的不断推进，科研人员与工程人员提出了各种热防护方案，并且进行了长期的研究工作。在所有防护方案中，特种功能涂层被认为是有效的方法之一，且一直以来受到广泛的关注，并获得了丰富的资金以及人力支持。其中，外部气动加热主要采用抗氧化烧蚀涂层进行防护，而发动机内的高温防护则主要依赖于热障涂层。随着超声速飞行器及高推新型发动机研发工作的快速推进发展，表面气动加热更加剧烈，发动机内部燃烧环境越发苛刻，温度已经达到 1 600 ℃ 以上，气流速度达到超声速水平，伴有氧化或腐蚀性气氛。现有的防隔热涂层和热障涂层体系均面临严峻考验。本书总结了近来相关领域的研究成果，突出机理，结合实例，希望对不同的读者都能有所裨益。

针对发动机内部热环境，本书详细介绍了一种新型热障涂层材料——稀土锆酸盐材料，提出了稀土锆酸盐材料的低热导率高热膨胀系数设计机理；并基于制备过程中材料演变行为，分析不同制备工艺及参数对稀土锆酸盐材料结构及性能的影响；针对大气等离子喷涂技术，重点分析了喷涂粉体性能的影响因素及涂层性能的影响因素，并提出稀土锆酸盐粉体喷涂过程响应机理。此外，本书还列举大量的实例，并分析理论计算模型与实际制备之间的差别。

针对超高温抗氧化烧蚀防护系统，本书基于超高温陶瓷防隔热涂层新的服役环境要求，探讨了超高温陶瓷涂层设计准则，优化现有超高温陶瓷涂层结构及材料；并根据材料在超高温条件下的破坏及失效机理，提出了超高温条件下超高温涂层新的防护要求，分析了超高温陶瓷涂层的失效机理，以期为未来进一步发展更高效、更可靠的超高温陶瓷涂层体系提供参考。

　　本书作者长期从事超声速飞行器及航空飞机的热防护涂层体系方面的研究工作，在热障涂层相关的基础理论、材料设计、制备工艺、结构表征、喷涂演变、性能调控等方面做了大量研究工作；此外从"十一五"规划开始就开展了等离子喷涂超高温陶瓷涂层的研究，对超高温陶瓷涂层成分结构设计、考核方式建立、失效形式分析等方面有10余年的成果积累。综合上述两部分内容，作者撰写了《航空航天热防护涂层技术》一书，希望为从事本领域工作的读者提供一定的启示和参考，同时也希望我国的热防护涂层材料技术研究再迈上一个新台阶。

马　壮

# 目　录
## CONTENTS

**第1章　热障涂层背景及发展现状** ·········································· 001

　1.1　热障涂层产生的背景及早期发展 ···································· 001

　1.2　氧化锆体系涂层发展现状 ·········································· 002

**第2章　稀土锆酸盐热障涂层材料设计方法** ··························· 007

　2.1　低热导率稀土锆酸盐材料设计方法 ································ 007

　2.2　高热膨胀系数稀土锆酸盐材料设计方法 ·························· 010

　2.3　新型稀土锆酸盐热障涂层综合设计方法 ·························· 011

　2.4　稀土锆酸盐材料综合设计案例分析 ······························ 012

**第3章　稀土锆酸盐热障材料的制备技术** ····························· 019

　3.1　稀土锆酸盐的固相合成及实例分析 ······························ 019

　3.2　稀土锆酸盐的液相合成及实例分析 ······························ 025

　3.3　稀土锆酸盐陶瓷的制备及实例分析 ······························ 028

**第4章　稀土锆酸盐材料的结构与性能** ······························· 034

　4.1　稀土锆酸盐的相结构及微观组织 ································· 034

　4.2　稀土锆酸盐的热导率 ············································ 038

　4.3　稀土锆酸盐的热膨胀性能 ········································ 041

**第5章　稀土锆酸盐的光子导热性能** ································· 047

　5.1　低光子热导率陶瓷材料的设计 ··································· 047

5.2 典型散射式低光子导热材料案例介绍 ·········· 053

## 第6章 稀土锆酸盐喷涂粉体制备与特性 ·········· 057

6.1 粉末的喷雾造粒技术 ·········· 057
6.2 粉末的球化技术 ·········· 063

## 第7章 等离子喷涂稀土锆酸盐涂层组织与性能 ·········· 069

7.1 粉体特性对涂层组织的影响 ·········· 069
7.2 不同喷涂功率下的涂层组织 ·········· 075
7.3 等离子喷涂稀土锆酸盐涂层性能 ·········· 079

## 第8章 飞行器中超高温环境的成因及特点 ·········· 085

8.1 高超声速飞行器发展历程 ·········· 085
8.2 高超声速飞行器与环境相互作用方式及机理 ·········· 087
8.3 飞行器超高温环境特点 ·········· 088
8.4 超高温环境适应性对飞行器研发的热作用重要性及意义 ·········· 091

## 第9章 材料在超高温环境下的失效机理及防护要求 ·········· 098

9.1 材料与超高温环境的相互作用 ·········· 098
9.2 超高温环境下材料失效机制 ·········· 102
9.3 超高温环境下材料防护方式 ·········· 102

## 第10章 超高温陶瓷防护涂层的设计方法 ·········· 111

10.1 涂层材料体系的设计 ·········· 111
10.2 涂层结构设计 ·········· 115
10.3 涂层制备工艺 ·········· 118
10.4 经典案例分析 ·········· 120

## 第11章 超高温陶瓷防护涂层的考核及失效机理 ·········· 127

11.1 超高温陶瓷防护涂层烧蚀考核 ·········· 127
11.2 超高温陶瓷防护涂层的防护失效机理 ·········· 133

# 第1章
# 热障涂层背景及发展现状

热障涂层是一层沉积于高温合金或耐热金属表面的陶瓷涂层，对基底材料起到隔热作用以降低基体温度，使其制成的器件能够在高温下运行。从 20 世纪发展至今，热障涂层已不仅起到简单的隔热作用，还兼具防腐、增寿、提高热效率等作用，热障涂层已成为航空发动机不可或缺的一部分。

## 1.1　热障涂层产生的背景及早期发展

从 20 世纪 40 年代开始，高温合金技术应用于航天航空领域，极大地提高了当时发动机的推重比，以美国为首的发达国家成功将其工作温度从 760 ℃ 提高至 1 050 ℃[1-4]。然而单独的高温合金技术已经无法使发动机温度进一步大幅提高，因此，自 20 世纪 70 年代以来，发动机工作温度的进一步提高主要是靠发动机结构设计实现的，即采用先进气膜冷却技术。气膜冷却技术指利用固体壁面上冷却剂薄膜的质传递原理，以达到冷却和保护壁面免遭高温气流破坏的目的。但气膜冷却在降低壁面温度的同时，不可避免地带走一部分能量，使发动机的负担加重；同时，气流冷却使得发动机内一部分空气作为冷却剂，相应地，与燃料反应的空气变少，降低了发动机的燃烧效率；此外，气膜冷却需要在构件上加工精密的气孔，这也增加了制备成本。目前，先进的气膜冷却技术可以降低发动机结构件表面温度 400 ℃ 左右，而想要进一步通过单一的冷却结构设计来大幅提高叶片工作温度却十分困难。因此，另一种降低叶片温度的可行技术——热障涂层（thermal barrier coatings，TBCs）受到广泛的重视。

热障涂层是可以为零件提供有效的隔热及抗氧化作用，从而降低被保护零件的表面温度，提高使用温度的涂层系统。美国 NASA（National Aeronautics and Space Administration）-Lewis 研究中心为了提高燃气涡轮叶片、火箭发动机的抗高温和耐腐蚀性能，早在 20 世纪 50 年代就提出了热障涂层的概念[5-7]。在涂层的材料选择和制备工艺上进行较长时间的探索后，20 世纪 80 年代初取得了重大突破，为热障涂层的应用奠定了坚实的基础。先进热障涂层能够在工作环境下降低高温发动机热端部件温度 170 K 左右[8]。随着热障涂层在高温发动机热端部件上的应用，人们认识到热障涂层的应用不仅可以达到提高基体抗高温腐蚀能力，进一步提高发动机工作温度的目的，而且可以减少燃油消耗、提高效率、延长热端部件的使用寿命。与开发新型高温合金材料相比，热障涂层的研究成本相对较低，工艺也现实可行。

经过几十年的研究，热障涂层材料的成分与结构等方面均有了巨大的改进。根据成分的选择、结构的优化，可以将高温涂层的发展经历简单地划分为以下几个时期。

第 1 代涂层，20 世纪 60 年代研制成功了 β – NiAl 基铝化物涂层。但 NiAl 相脆性大、易开裂，Al 原子向基体扩散快，涂层使用寿命短。

第 2 代涂层，20 世纪 70 年代出现了改进型铝化物涂层，如 Al – Cr、Al – Si、Al – Ti、Pt – Al，其中以镀 Pt 渗 Al 形成的铂铝化物涂层因具有更长的使用寿命而备受欢迎，进而成为研究的热点，至今仍有相关报道。

以上两代涂层均属于扩散涂层，这些涂层在航空发动机上得到了一定的应用[9 – 10]。

第 3 代涂层，20 世纪 80 年代发展了可以调整涂层成分、能在更高温度下起到高温抗氧化作用的等离子体喷涂 MCrAlY 涂层（M 代表 Fe、Co、Ni 或二者的结合），被普遍地用作 TBCs 系统的金属黏结层。它克服了传统铝化物涂层与基体之间相互制约的弱点，在抗高温氧化方面有显著的改善。

第 4 代涂层，20 世纪 80 年代和 90 年代普遍研究使用的陶瓷热障涂层，如 6% ~ 8% $Y_2O_3$ 部分稳定的 $ZrO_2$（YSZ）涂层，具有显著的隔热效果，显示了巨大的优势[11]。

## 1.2　氧化锆体系涂层发展现状

目前，在所有陶瓷材料中，$ZrO_2$ 是热障涂层陶瓷层材料最佳的选择，主要原因是氧化锆的熔点很高，约为 2 760 ℃，且热导率低，1 000 ℃ 时约为 2.17 $W \cdot m^{-1} \cdot K^{-1}$[12]。然而，纯 $ZrO_2$ 在高温下的晶型转变会伴随着较大体积变化而产生剥蚀现象。随着温度的升高，$ZrO_2$ 晶体会出现不同的晶型；常温至 1 000 ℃ 左右为 m – $ZrO_2$ 单斜晶体；超过 1 000 ℃ 就逐渐转变为四方 t – $ZrO_2$；超过 1 150 ℃ 时，完全转变成四方晶体。继续升高温度约至 1 300 ℃，$ZrO_2$ 的晶体仍为四方体，但体积不但未随温度升高而膨胀，反而发生显著的收缩。从 1 300 ℃ 高温冷却时，四方晶体 t – $ZrO_2$ 先是收缩，温度降至 1 000 ℃，发生四方晶体向单斜晶体的晶型转变，并伴随 3% ~ 5%[11] 的体积膨胀。每次加热和冷却的过程，$ZrO_2$ 随着晶型转变而发生的体积膨胀是不可逆的。这样，$ZrO_2$ 在加热、冷却的不断循环的工况条件下，每一循环残存的不可逆体积变化会发生积累，形成很大的热应力，使其发生开裂和剥落失效[13]。

为了充分发挥 $ZrO_2$ 耐高温、绝热性好的优点，针对 $ZrO_2$ 在热循环过程中发生不可逆体积变化的问题，人们对 $ZrO_2$ 晶体的改性进行了大量的研究。研究发现这个问题可以通过添加稳定剂来解决，常用稳定剂有 MgO、CaO、$Y_2O_3$ 等[14 – 15]。这些物质的阳离子与 $Zr^{4+}$ 相近，它们与 $ZrO_2$ 的单斜相、四方相、立方相都可以形成置换式固溶体，大大降低了 $ZrO_2$ 的相变温度，使立方相能在远低于纯 $ZrO_2$ 相平衡温度的条件下存在，从而保持 $ZrO_2$ 的晶型结构稳定[16]。MgO 稳定的 $ZrO_2$ 涂层在 20 世纪 70 年代早期就已应用于航空发动机上。然而，在高于 1 400 ℃时，这种材料体系在热载荷作用下会发生相变，导致涂层性能下降。另外，MgO 稳定的 ZrO$_2$ 涂层在急冷时发生 MgO 的弥散析出[17-18]。实验证明：MgO 稳定的 ZrO$_2$ 涂层在 20～1 200 ℃之间进行热循环实验后，热传导率随热循环次数的增加而增加。这一缺点在客观上限制了 MgO 稳定的 ZrO$_2$ 涂层的应用范围。在 CaO 稳定的 ZrO$_2$ 涂层中也发现了类似的热滞后现象[19]。

NASA 指出，在 YSZ 体系中，Y$_2$O$_3$ 的最佳含量为 6～8 wt%[20-21]，该体系也是目前在燃气轮机和涡轮发动机上应用最广泛的 TBCs 材料[22]，YSZ 材料具有如下优异的性能[23-24]：①高熔点；②低热导率（2.0～2.3 W·m$^{-1}$·K$^{-1}$）[25]；③高热膨胀系数（11.0×10$^{-6}$ ℃$^{-1}$），与基体合金（14～17×10$^{-6}$ ℃$^{-1}$）接近；④良好的抗热冲击性能，ZrO$_2$ 涂层具有高孔隙率和应变容限，能够缓解热循环带来的热应力；⑤耐高温氧化；⑥优良的高温化学稳定性；⑦优异的综合机械性能。起初选择 YSZ（Y$_2$O$_3$ 的质量比为 6%～8%）作为热障涂层材料主要是基于一个简单的原因：氧化锆是少数几种能够采用当时知道的等离子喷涂技术沉积成厚膜层的氧化物。经过此后的研究，发现它具有一些重要的特征，以至于难以被取代。如：高温下在所有黏结层合金上形成的氧化物，在与氧化铝接触时保持热力学的稳定性。除了等离子喷涂之外，因为 ZrO$_2$ 和 Y$_2$O$_3$ 的蒸汽压相近，所以它可以采用电子束蒸发沉积的方法来获得涂层。与其他陶瓷相比，8YSZ 也表现出良好的抗腐蚀性。

最初，人们认为除了因为这种材料具有很低的弹性模量、大的平均分子量和较低的德拜温度（~475 K）以外，另一方面是因为钇原子对锆原子的取代作用使材料中产生很多空位，这些空位的间距和单胞的尺寸是一个数量级的，它们能大量散射声子。而关于氧化钇含量如何引起振动模式性质改变的详细模拟分析揭示[26-27]，由于氧化钇加入氧化锆，晶格振动的模式发生改变，且内部缺陷的振动比声子模式的声速慢，因此，热导率大大地减小了。同时，这种观点认为高浓度的点缺陷将振动模式从不含掺杂的单斜氧化锆中纯声子振动模式改变成为 4 mol% YSZ 中的多种其他模式，即使材料仍然保持晶态，点缺陷在确定新型热障涂层候选材料时依然是重要的因素[28]。

现役的热障涂层也都是以 6～8 wt% Y$_2$O$_3$ 部分稳定 ZrO$_2$ 陶瓷作为表面陶瓷层材料的，其抗 Na$_2$SO$_4$ 和 V$_2$O$_5$ 的腐蚀能力比用 CaO 和 MgO 稳定的 ZrO$_2$ 以及 18～20 wt% YSZ 要强得多[29]。如利用等离子激光混合技术制备的 ZrO$_2$－Y$_2$O$_3$（质量分数为 8%）涂层具有优良的抗氧化性能，其组织致密、结合强度高，陶瓷层材料的优异性能得到充分发挥，并且消除了涂层的层状组织，形成柱状晶结构，使涂层应变容限及热震性能提高[30]。另外，多层热障涂层比传统热障涂层具有更好的氧化阻力，延长了涂层使用寿命，是解决涂层脱落失效较好的方法。还可以通过激光上光技术改善涂层的组织形貌，提高涂层的高温抗氧化耐蚀性能[31]。

YSZ 的一个主要缺点就是在长时间应用的情况下其最高的使用温度小于 1 473 K，并且该材料热导率为 2～2.3 W·m$^{-1}$·K$^{-1}$，随着发动机工作温度的不断提高，这样的热导率就显得过高，加之该材料在高温下烧结严重，也使涂层的隔热能力下降，不能满足未来航空发动机的需求。同时，这样的涂层具有大量的氧离子空位，会加速高温下氧的传输和黏结层的氧化而造成表面陶瓷层的剥落，高温下 YSZ 涂层的热稳定性如图 1.1 所示[32]。因此，开发具有更低热导率的新型热障涂层陶瓷材料已经成为材料科学工作者的一个研究重点。

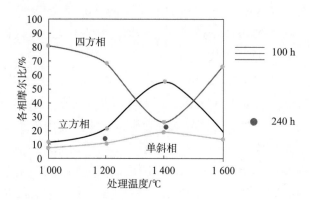

图 1.1　高温下 YSZ 涂层的热稳定性（$T > 1\ 200\ ℃$）（书后附彩插）

# 本 章 小 结

　　本章针对热障涂层应用背景与发展历程进行了介绍。阐述了热障涂层材料所需具备的各种物理化学性能，对现有热障涂层体系性能进行了详细的评述，指出现有热障涂层体系暴露出的问题，为热障涂层材料后续发展提供指导。

# 参 考 文 献

［1］GOWARD G W. Recent developments in high temperature coatings for gas turbine airfoils ［C］// High Temperature Corrosion. Los Angeles：National Association of Corrosion Engineers，1983：553 – 560.

［2］FAIRBANKS J W，DEMARAY E，KVERNES I. Insulative，wear and corrosion resistant coatings for diesel and gas turbine Engines ［M］// KOSSOWSKY R，SINGHAL S C. Surface engineering. Dordrecht：Springer Netherlands，1984：524 – 545.

［3］SIMS C T. Nonmetallic materials for gas turbine engines：are they real？［J］. Advanced Materials & Processes，1991，139：32 – 39.

［4］陈荣章. 铸造高温合金发展的回顾与展望 ［C］// 中国航空学会学术年会. 中国航空学会，2001.

［5］HJELM L N，BORNHORST B R. Development of improved ceramic coatings to increase the life of XLR99 thrust chamber［R］. NASA TMX – 57072, NASA, 1961: 227 – 253.

［6］ PLUNKETT J D. NASA contributions to the technology of inorganic coatings［R］. Technology Survey NASA SP – 5014, Washington D C: NASA, 1964.

［7］ MILLER R A. Current status of thermal barrier coatings—an overview［J］. Surface and Coatings Technology, 1987, 30（1）: 1 – 11.

［8］ MEIER S M, GUPTA D K, et al. Ceramic thermal barrier coatings for commercial gas turbine engines［J］. JOM, 1991（3）: 50 – 53.

［9］ SCHILBE J E. Substrate alloy element diffusion in thermal barrier coatings［J］. Surface and Coatings Technology, 2000, 133 – 134: 35 – 39.

［10］ LELAIT L, ALPÉRINE S, MÉVREL R. Alumina scale growth at zirconia-MCrAlY interface: a microstructural study［J］. Journal of Materials Science, 1992, 27: 5 – 12.

［11］ 徐惠彬, 宫声凯, 刘福顺. 航空发动机热障涂层材料体系的研究［J］. 航空学报, 2001, 21: 7 – 12.

［12］ 周宏明, 易丹青, 周楠. 热障涂层陶瓷材料的研究现状及发展趋势［J］. 材料导报, 2007, 27（1）: 1 – 4.

［13］ 周洪, 李飞, 何博, 等. 热障涂层材料研究进展［J］. 材料导报, 2006, 10（110）: 40 – 43.

［14］ 胡望宇. $ZrO_2$ 系梯度热障涂层性能 – 结构关系表征方法的研究［D］. 沈阳: 中国科学院金属研究所, 1996.

［15］ DAHOTRE N B, SUDARSHAN T S. Intermetallic and ceramic coatings［M］. New York: Marcel Dekker, Inc. , 1999.

［16］ 徐小荣. 金属/陶瓷梯度热障涂层的微观结构特征及其与性能的关系［D］. 武汉: 武汉交通科技大学, 2000.

［17］ 范希梅, 林洁琼, 杜贤昌. 陶瓷热障涂层研究现状［J］. 长春工业大学学报, 2003, 3（24）: 65 – 67.

［18］ 邓畅光. 等离子喷涂 $Y_2O_3$ – $CeO_2$ – TZP/NiCoCrAlY 梯度热障涂层工艺及组织与性能［D］. 广州: 华南理工大学, 2001.

［19］ WILLIFORD R E, ARMSTRONG T R, GALE J D, et al. Chemical and thermal expansion of calcium-doped lanthanum chromite［J］. Journal of Solid State Chemistry, 2000, 149: 320 – 326.

［20］ LEYENS C, SCHULZ U, FRITSCHER K, et al. Contemporary materials issues for advanced EB-PVD thermal barrier coating systems［J］. Zeitschrift fur Metallkunde, 2001, 92（7）: 762 – 772.

［21］ ZHANG Y H, WITHERS P J, FOX M D, et al. Damage mechanisms of coated systems under thermomechanical fatigue［J］. Materials Science and Technology, 1999,

15：1031 – 1036.

［22］ STERN K H. Metallurgical and ceramic protective coatings ［M］. London：Chapman & Hall，1996.

［23］ 尹衍升. 氧化锆陶瓷及其复合材料 ［M］. 北京：化学工业出版社，2004.

［24］ 林锋，蒋显亮. 热障涂层的研究进展 ［J］. 功能材料，2003，34 （3）：254 – 257.

［25］ CLARKE D R，LEVI C G. Materials design for the next generation thermal barrier coatings ［J］. Annual Review of Materials Research，2003，33：383 – 417.

［26］ SCHELLING P K，PHILLPOT S R. Mechanism of thermal transport in zirconia and yttria-stabilized zirconia by molecular-dynamics simulation ［J］. Journal of the American Ceramic Society，2001，84 （12）：2997 – 3007.

［27］ ALLEN P B，FELDMAN J L，FABIAN J，et al. Diffusons，locons，propagons：character of atomic vibrations in amorphous Si ［J］. Philosophical magazine Part B，1999，79 （11 – 12）：1715 – 1731.

［28］ CLARKE D R，PHILLPOT S R. Thermal barrier coating materials ［J］. Materials Today，2005，8 （6）：22 – 29.

［29］ VOYER J，GITZHOFER F，BOULOS M I. Study of the performance of TBC under thermal cycling conditions using an acoustic emission rig ［J］. Journal of Thermal Spray Technology，1998，7 （1）：181 – 190.

［30］ CHWA S O，OHMDRI A. Microstructures of $ZrO_2$ – 8wt. % $Y_2O_3$ coatings prepared by a plasma laser hybrid spraying technique ［J］. Surface and Coatings Technology，2002，153：304 – 312.

［31］ 张罡，梁勇. 激光制备陶瓷热障涂层的研究和发展 ［J］. 沈阳工业学院学报，2000，19 （1）：1 – 7.

［32］ WUENSCH B J，EBERMAN K W. Order-disorder phenomena in $A_2B_2O_7$ pyrochlore oxides ［J］. JOM，2000，52 （7）：19 – 21.

# 第2章

# 稀土锆酸盐热障涂层材料设计方法

随着发动机燃气温度的增加，传统热障涂层的隔热能力已不能满足需求，加之其高温相稳定性差，因此，人们对新型热障涂层材料的开发产生了浓厚的研究兴趣[1-2]。$A_2B_2O_7$ 型稀土锆酸盐由于其复杂的晶体结构，且晶胞中含有重稀土原子而具有低热导率，成为取代氧化钇部分稳定氧化锆体系的新一代热障涂层陶瓷层的候选材料。这一类材料的不足之处是热膨胀系数较低，特别是 $La_2Zr_2O_7$，其热膨胀系数仅为 $9.1 \times 10^{-6}/K$[3-4]，与传统 YSZ 的热膨胀系数 $10.5 \times 10^{-6}/K$ 相比明显偏低[5-6]。目前对隔热涂层用陶瓷材料的研究重点主要集中在降低材料的热导率，然而，陶瓷层与黏结层材料间大的热膨胀系数差异容易在界面处产生较大的热应力，导致涂层过早失效，因而大大限制了其应用。因此，在研究热障涂层材料时，必须同时考虑热导率和热膨胀系数这两个因素的影响。若能进一步设计稀土锆酸盐材料成分结构，在降低热导率的同时提高其热膨胀性能，$A_2B_2O_7$ 型稀土锆酸盐将成为一种前景良好的高温热障涂层材料。

## 2.1　低热导率稀土锆酸盐材料设计方法

在陶瓷材料中主要通过晶格振动的格波与物质的相互作用来传递热能，声子同晶体中质点的碰撞引起的散射是晶格中热阻的主要来源。声子的导热理论告诉我们，陶瓷材料热导率的大小基本上由两个散射过程决定，即声子间的碰撞引起的散射以及声子与晶体中的各种缺陷作用引起的散射。如何增强两种散射作用是降低材料热导率的关键，晶体中空位、位错、异质原子、间隙原子等缺陷的存在以及晶格振动的非线性是引起声子散射的主要原因，它们可以通过调整实际晶体中的化学组成、晶体结构及其内部缺陷进行控制，从而调节材料的热导率。

### 2.1.1　化学组成的影响

含有不同化学组成的晶体，热导率往往存在很大的差异，这是因为构成晶体质点的原子的平均相对原子质量及相应的离子半径不同，改变了晶胞内的局部密度及其周围的弹性场，使晶格的振动状态发生变化，从而影响材料的传热能力。因此，利用具有不同原子质量和离子半径的离子进行掺杂是调控材料热导率的有效手段。

晶胞中由于原子质量不同所引起的声子散射率可以表示为[7]

$$\frac{1}{\tau_{\Delta M}(\omega)} = \frac{ca^3 \omega^4}{4\pi v^3}\left(\frac{\Delta M}{M}\right)^2 \tag{2.1}$$

式中，$\tau$ 为弛豫时间；$a^3$ 为原子体积；$v$ 为横波速度；$\omega$ 为声子频率；$c$ 为单位体积中点缺陷数目与点阵位置数目的比值；$M$ 为主原子的原子质量；$\Delta M$ 为掺入原子与主原子的原子质量差。可见，对于同一个主原子来说，声子的散射率与掺入原子和主原子质量差的平方成反比，考虑到原子质量和原子量的正比关系，可得声子的散射率与掺入原子和主原子原子量差的平方成反比。也就是说，掺入原子引起的原子量变化越大，声子的散射率越大。所以，在晶胞中进行不同质量的原子掺杂，晶胞内的局部密度改变，增大了晶格的非线性振动，使声子间的散射作用加剧，导致材料的热导率下降。

引起材料热导率变化的另一重要因素是掺杂离子的离子半径。在晶胞中掺入不同半径的离子，这些离子将在点阵中引入弹性应变场，使其周围离子偏离原来的平衡位置，由这些最近邻离子的相对位移所引起的声子散射率可以表示为[8]

$$\frac{1}{\tau_{\Delta R}(\omega)} = \frac{2ca^3 \omega^4}{\pi v^3}J^2\gamma^2\left(\frac{\Delta R}{R}\right)^2 \tag{2.2}$$

式中，$J$ 为常数；$\gamma$ 为 Gruneisen 常数；$R$ 为未掺杂时的原子间距；$\Delta R$ 为掺入其他离子后引起的离子间距的变化。可见，对于在同一个晶胞中掺杂其他离子来说，声子的散射率与掺入离子后离子间距变化的平方成反比。也就是说，掺入离子后离子间距变化越大，声子的散射率越大，材料热导率的下降幅度就越大。这种散射可以通过掺入一些能导致离子间距变化较大的离子的方法来实现。

因此，原子质量、离子半径不同的离子的掺入，将在晶胞中引入质量差 $\Delta M$ 和半径差 $\Delta R$，增大声子的散射作用，降低材料热导率。同时，原子质量和离子间距的变化引起的晶格非线性振动及其周围离子的相对位移均对材料的热膨胀系数产生重要影响，这为低热导率高热膨胀系数材料综合设计原则的提出提供一定的支持。关于此因素以及下面讨论的晶体结构、缺陷等因素对热膨胀系数影响的具体分析将在 2.2 节中详细论述。

### 2.1.2　晶体结构的影响

陶瓷材料中热量的传递主要依靠晶格振动，晶格振动的非谐性程度增大，格波间存在的耦合作用使声子间的碰撞概率增大、声子散射加剧，所以声子传导与晶格振动的非谐性密切相关，增大晶格的非谐振动程度是引起声子散射、降低热导率的根本原因。在复杂的晶体结构中，由于晶格的完整性和规则性相对较差，晶格的非谐振动更剧烈，这导致声子平均自由程减小，材料的声子热导率降低。对于热障涂层材料而言，在保证高温相结构稳定的前提下，进行多种原子掺杂能够使晶体结构复杂化，是引起晶格振动、降低热导率的途径之一。

### 2.1.3　晶体缺陷的影响

对于氧化物陶瓷而言，引起晶格振动非谐性的另一个因素是晶体中的氧缺陷，它的存在不仅破坏了晶格的完整性，而且会引起晶体内局部密度的改变，这都将加剧晶格的非谐振动，使材料热导率下降。同时，由于声子的速度随密度而异，因而氧缺陷的存在间接地使声子速度发生变化。由声子速度改变所引起的声子散射率可以表示为[8]

$$\frac{1}{\tau_{\Delta v}(\omega)} = \frac{3}{\pi} V^2 q^4 \left(\frac{\Delta v}{v}\right)^2 \tag{2.3}$$

式中，$q$ 为波数；$v$ 为正常密度时的声子速度；$\Delta v$ 为密度变化引起声速的变化。可见，声子的散射率与其速度变化的平方成反比。也就是说，晶胞中含有的氧缺陷浓度越高，晶体内因局部密度改变引起的声子速度变化越大，声子的散射率越大，则材料的热导率降低越明显。这种散射可以通过掺入差价阳离子、增加晶体中的空位型缺陷的方法得以实现。

### 2.1.4　晶界的影响

对传统材料来说，晶界对声子平均自由程的影响最小，但当晶粒尺寸与声子平均自由程处于同一个量级时，声子的散射非常显著[9]。图 2.1 绘出了 7YSZ 陶瓷热导率与晶粒尺寸和温度的关系[10]，可以看出，细晶材料特别是晶粒尺寸为纳米尺度的材料的热导率急剧下降。因此，制备具有细小晶粒的陶瓷材料也是降低热导率的一个重要方向。

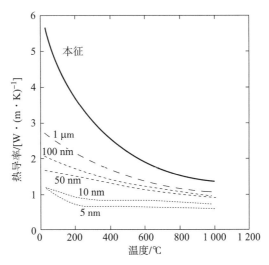

**图 2.1　7YSZ 陶瓷热导率与晶粒尺寸和温度的关系**

低热导率陶瓷材料的影响因素可以归纳为：①陶瓷材料晶体结构越复杂，晶格振动的非谐性程度越大，声子间散射越明显，越有利于降低陶瓷材料的热导率；②晶体中原子质量和离子半径的改变，特别是大质量原子的引入，导致声子散射加剧，可有效降低声子热导率；③晶体中空位型缺陷的存在，增大了声子与缺陷的散射作用，使材料热导率降低；④陶瓷材料晶粒尺寸小、晶界多也能够阻碍声子的热传导，降低声子热导率。

## 2.2　高热膨胀系数稀土锆酸盐材料设计方法

材料热膨胀的本质是点阵结构中的质点间平均距离随温度升高而增大，质点间距离的大小主要取决于质点间化学键的强弱，因而晶体中的化学键成为决定材料热膨胀系数的主要因素[11]。那么，如何通过调整实际晶体中的化学组成和结构来改变化学键的键强是调节材料热膨胀系数的关键。

### 2.2.1　化学键的影响

由于晶体点阵中质点间化学键的键强可直接通过其晶格能的大小进行表征，所以材料的热膨胀系数与晶格能密切相关。李夫舍茨的研究表明，热膨胀系数与晶格能 $E$ 之间几乎呈反比关系，可以表示为[12]

$$\alpha = \frac{a}{E + b} \tag{2.4}$$

式中，$a$ 和 $b$ 均为常数。

从式（2.4）中可以看出，若要提高材料的热膨胀系数，就必须减小晶格能。影响晶格能大小的因素主要是离子半径和离子电荷，根据玻恩－朗德公式，材料的晶格能 $E$ 可以表示为[13-14]

$$E = N\frac{z_+ z_-}{R}Ae^2\left(1 - \frac{1}{n}\right) \tag{2.5}$$

式中，$N$ 为 Avogadro 常数；$Z_+$ 为正离子电荷；$Z_-$ 为负离子电荷；$R$ 为离子间距；$A$ 为 Madelung 常数；$e$ 为电子电荷；$n$ 为常数。

从式（2.5）中可以看出，晶格能与离子间距也成反比，所以增大离子间距，离子间键强削弱，晶格能减小，可以提高材料的热膨胀系数。而离子间距的变化在晶胞中引入弹性应变场，加剧声子散射，也可以降低材料的声子热导率。因此，选择合适半径离子掺杂能够同时改善材料的热导率和热膨胀性能。

### 2.2.2　晶体缺陷的影响

对于离子晶体而言，在相同温度下，含有缺陷的摩尔体积比完整晶体的要大，这是由于晶体中存在空位型点缺陷，就使其附近的离子键减弱，升高同样温度时，质点振幅的增加量增大，离子间距增大，体积也就随之增大，这种由空位引起的晶体附加体积变化可以表示为

$$\Delta V = BV_0\exp\left(\frac{-Q}{kT}\right) \tag{2.6}$$

式中，$Q$ 为空位形成能；$B$ 为常数；$k$ 为玻尔兹曼常数；$T$ 为热力学温度；$V_0$ 为原始体积。可见，当空位的形成能较小时，体积的变化量增加。也就是说，在越容易生成空位，即空位浓度越高的条件下，体积膨胀越容易，晶体的热膨胀系数越大。如 2.1 节所述，空位的存在有利于声子散射加剧，也是降低热导率的重要因素。因此，在材料中掺入低价态离子可以提高晶体中空位的浓度，有助于同时改善陶瓷材料的热导率和热膨胀性能。

此外，晶格的非谐振动也会增大质点间的距离，使材料产生热膨胀。由上述对热导率影响因素的分析，复杂的晶体结构，以及不同原子质量引起的局部密度变化，均会使晶格振动的非谐性程度增大，所以，利用具有不同质量的多种原子掺杂，造成晶体结构复杂化，不仅可以有效降低材料的热导率，还可以提高材料的热膨胀系数。

高热膨胀系数陶瓷材料的影响因素可以归结为：①晶体中离子间距的增大，削弱了离子间的键强，可以提高材料的热膨胀系数；②晶体内部空位浓度的提高，使势阱的非对称性程度增大，有利于热膨胀系数的提高；③晶体中原子质量的变化以及晶体结构的复杂化，增大了晶格的非线性振动，导致热膨胀系数的提高。

## 2.3　新型稀土锆酸盐热障涂层综合设计方法

基于以上对声子导热及晶体热膨胀的各种影响因素的综合分析，各因素对热导率和热膨胀系数具有不同程度的影响，在进行材料设计时，必须寻找能够影响热导率和热膨胀系数的共性因素，即使热导率降低的同时提高热膨胀系数，通过对热导率和热膨胀系数影响因素的综合分析，低热导率高热膨胀系数稀土锆酸盐材料的综合设计原则如下。

（1）掺杂大质量原子、形成稳定复杂晶体结构。陶瓷材料晶体结构复杂、原子质量大，使晶格振动的非谐性程度增大，一方面增强声子的散射作用，降低热导率；另一方面提高材料的热膨胀系数，以保证材料具有低热导率高热膨胀系数。

（2）增大离子间距。晶体中离子间距的增大，削弱离子间的化学键强度，在晶胞中产生的弹性应变场，增强声子散射，确保在降低声子热导率的同时提高材料的热膨胀系数。

（3）提高氧缺陷浓度。晶胞中氧缺陷的存在，使离子间化学键减弱，同时引起晶胞内局部密度变化，加剧声子散射，从而保证同时降低声子热导率，提高热膨胀系数。

此外，细小晶粒、多晶界也能够阻隔声子的热传导，有效降低声子热导率，尽管细化晶粒对材料热膨胀性能的影响并不显著，但可以在降低声子热导率方面加以适当应用。

根据低热导率高热膨胀系数材料的综合设计原则，晶体中复杂的晶体结构、大质量原子、离子间距和缺陷（特别是空位）浓度是能够同时影响材料导热及热膨胀性能的主要因素，可以人为地在材料晶体结构中引入一些不同质量和半径的离子或缺陷来降低材料的热导率、提高其热膨胀系数。$A_2Zr_2O_7$ 型化合物通常属于焦绿石或有缺陷的萤石结构，两种结构的示意图如图2.2所示。由于其特殊的晶体结构，A、B位原子所处环境不尽相同，因此，在选择掺杂元素时需考虑到原子占位对材料性能的作用效果。下面就以焦绿石稀土锆酸盐为例，讨论如何优化设计低热导率高热膨胀系数新型热障涂层材料。

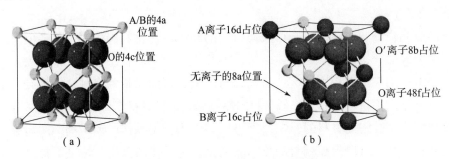

**图2.2　萤石和焦绿石型化合物的晶体结构**

（a）萤石结构；（b）焦绿石结构（书后附彩插）

# 2.4　稀土锆酸盐材料综合设计案例分析

稀土锆酸盐材料通常属于焦绿石或者缺陷萤石结构，其氧化物的固溶范围较宽，若采用其他原子进行A、B位取代的方法，可以在一定程度上调整该类材料的热物理性能。相对于萤石结构的 $ZrO_2$ 而言，焦绿石结构中出现氧缺陷，晶体结构更为复杂，可以看成是A和B两种类型的阳离子配位多面体组成：$BO_6$ 八面体顶点相连形成的子格 $B_2O_6$ 和次子格 $A_2O'$。因此，焦绿石结构稀土锆酸盐通常拥有更低的热导率。

## 2.4.1　原子质量设计

根据低热导率高热膨胀系数材料综合设计的第一原则，大质量原子的存在加剧了晶格的非谐振动，这既能够有效降低声子热导率，又在一定程度上提高热膨胀系数。同时，结合导热理论中离子半径不同对增强声子散射，降低热导率的贡献，应选择质量大、离子半径差别大的元素作为掺入元素。Hf、Ta 类元素尽管具有较大的原子质量，但 $Hf^{4+}$ 的离子半径与主离子 $Zr^{4+}$ 的半径几乎相同，Ta 类高价离子的引入会与结构中的氧空位相抵消，引起晶体结构的改变，不宜选作掺杂元素。而稀土元素的原子量远大于其他金属元素（放射性元素除外），且其离子半径与 $Zr^{4+}$ 相差较大，在稀土元素中除了 Ce 以正四价最稳定以外，其他都以正三价最稳定，通常来说，四价 Ce 元素易于占据 $A_2B_2O_7$ 晶格的 B 位置，三价稀土元素易于占据 A 位置，且三价 A 位离子的引入使得氧缺陷能够稳定存在于结构中，所以，稀土元素可以用作 $A_2B_2O_7$ 型锆酸盐的掺杂。元素周期表如表2.1所示。

表2.1 元素周期表（附彩插）

| 周期\族 | I A 1 | | | | | | | | | | | | | | | | | 0 | 电子层 | 0族电子数 |
|---|---|---|---|---|---|---|---|---|---|---|---|---|---|---|---|---|---|---|---|---|
| 1 | 1 H 氢 1s¹ 1.008 | II A 2 | | | | | | | | | | | | | | | | 2 He 氦 1s² 4.003 | K | 2 |
| 2 | 3 Li 锂 6.941 | 4 Be 铍 9.012 | | | | | | | | | | | III A 5 B 硼 2s²2p¹ 10.81 | IV A 6 C 碳 2s²2p² 12.01 | V A 7 N 氮 2s²2p³ 14.01 | VI A 8 O 氧 2s²2p⁴ 16.00 | VII A 9 F 氟 2s²2p⁵ 19.00 | 10 Ne 氖 2s²2p⁶ 20.18 | L K | 8 2 |

表中元素详细信息：

**第1周期**

| 1 H 氢 1s¹ 1.008 | | 2 He 氦 1s² 4.003 |
|---|---|---|

**原子说明框**

原子序数 —— 92 U —— 元素符号，红色指放射性元素

元素名称 —— 铀

注 * 的是 人造元素

5f³6d¹7s² —— 外围电子层排布，括号指可能的电子层排布

238.0 —— 相对原子质量（加括号的数据为该放射性元素半衰期最长同位素的质量数）

图例：金属、惰性气体、非金属、过渡元素

**完整周期表（按周期）**

周期1：
- 1 H 氢 1s¹ 1.008
- 2 He 氦 1s² 4.003 （K=2）

周期2：
- 3 Li 锂 6.941
- 4 Be 铍 9.012
- 5 B 硼 2s²2p¹ 10.81
- 6 C 碳 2s²2p² 12.01
- 7 N 氮 2s²2p³ 14.01
- 8 O 氧 2s²2p⁴ 16.00
- 9 F 氟 2s²2p⁵ 19.00
- 10 Ne 氖 2s²2p⁶ 20.18 （L=8, K=2）

周期3：
- 11 Na 钠 3s¹ 22.99
- 12 Mg 镁 3s² 24.31
- 13 Al 铝 3s²3p¹ 26.98
- 14 Si 硅 3s²3p² 28.09
- 15 P 磷 3s²3p³ 30.97
- 16 S 硫 3s²3p⁴ 32.06
- 17 Cl 氯 3s²3p⁵ 35.45
- 18 Ar 氩 3s²3p⁶ 39.95 （M=8, L=8, K=2）

过渡元素族标识：III B 3、IV B 4、V B 5、VI B 6、VII B 7、VIII 8 9 10、I B 11、II B 12

周期4：
- 19 K 钾 4s¹ 39.10
- 20 Ca 钙 4s² 40.08
- 21 Sc 钪 3d¹4s² 44.96
- 22 Ti 钛 3d²4s² 47.87
- 23 V 钒 3d³4s² 50.94
- 24 Cr 铬 3d⁵4s¹ 52.00
- 25 Mn 锰 3d⁵4s² 54.94
- 26 Fe 铁 3d⁶4s² 55.85
- 27 Co 钴 3d⁷4s² 58.93
- 28 Ni 镍 3d⁸4s² 58.69
- 29 Cu 铜 3d¹⁰4s¹ 63.55
- 30 Zn 锌 3d¹⁰4s² 65.58
- 31 Ga 镓 3d¹⁰4s²4p¹ 69.72
- 32 Ge 锗 3d¹⁰4s²4p² 72.63
- 33 As 砷 74.92
- 34 Se 硒 78.96
- 35 Br 溴 79.90
- 36 Kr 氪 3d¹⁰4s²4p⁶ 83.80 （N=8, M=18, L=8, K=2）

周期5：
- 37 Rb 铷 5s¹ 85.47
- 38 Sr 锶 87.62
- 39 Y 钇 4d¹5s² 88.91
- 40 Zr 锆 4d²5s² 91.22
- 41 Nb 铌 4d⁴5s¹ 92.91
- 42 Mo 钼 4d⁵5s¹ 95.96
- 43 Tc 锝 4d⁵5s² [98]
- 44 Ru 钌 4d⁷5s¹ 101.1
- 45 Rh 铑 4d⁸5s¹ 102.9
- 46 Pd 钯 4d¹⁰ 106.4
- 47 Ag 银 4d¹⁰5s¹ 107.9
- 48 Cd 镉 4d¹⁰5s² 112.4
- 49 In 铟 5s²5p¹ 114.8
- 50 Sn 锡 5s²5p² 118.7
- 51 Sb 锑 5s²5p³ 121.8
- 52 Te 碲 5s²5p⁴ 127.6
- 53 I 碘 5s²5p⁵ 126.9
- 54 Xe 氙 5s²5p⁶ 131.3 （O=8, N=18, M=18, L=8, K=2）

周期6：
- 55 Cs 铯 6s¹ 133
- 56 Ba 钡 6s² 137.3
- 57~71 La-Lu 镧系
- 72 Hf 铪 5d²6s² 178.5
- 73 Ta 钽 5d³6s² 181.0
- 74 W 钨 5d⁴6s² 184.0
- 75 Re 铼 5d⁵6s² 186.0
- 76 Os 锇 5d⁶6s² 190.0
- 77 Ir 铱 5d⁷6s² 192.0
- 78 Pt 铂 5d⁹6s¹ 195.0
- 79 Au 金 5d¹⁰6s¹ 197.0
- 80 Hg 汞 5d¹⁰6s² 200.6
- 81 Tl 铊 6s²6p¹ 204.5
- 82 Pb 铅 6s²6p² 207.0
- 83 Bi 铋 6s²6p³ 209.0
- 84 Po 钋 6s²6p⁴ [209]
- 85 At 砹 6s²6p⁵ [210]
- 86 Rn 氡 6s²6p⁶ [222] （P=8, O=18, N=32, M=18, L=8, K=2）

周期7：
- 87 Fr 钫 7s¹ [223]
- 88 Ra 镭 7s² [226]
- 89~103 Ac-Lr 锕系
- 104 Rf 𬬻 * 6d²7s² [261]
- 105 Db 𬭊 * 6d³7s² [262]
- 106 Sg 𬭳 * 6d⁴7s² [263]
- 107 Bh 𬭛 * 6d⁵7s² [264]
- 108 Hs 𬭶 * 6d⁶7s² [265]
- 109 Mt 鿏 * 6d⁷7s² [265]
- 110 Uun * [269]
- 111 Uuu * [272]
- 111 Uub * [277]

**镧系**

| 57 La 镧 5d¹6s² 139.0 | 58 Ce 铈 4f¹5d¹6s² 140.0 | 59 Pr 镨 4f³6s² 141.0 | 60 Nd 钕 4f⁴6s² 144.0 | 61 Pm 钷 4f⁵6s² [145] | 62 Sm 钐 4f⁶6s² 150.5 | 63 Eu 铕 4f⁷6s² 152.0 | 64 Gd 钆 4f⁷5d¹6s² 157.0 | 65 Tb 铽 4f⁹6s² 159.0 | 66 Dy 镝 4f¹⁰6s² 162.5 | 67 Ho 钬 4f¹¹6s² 164.9 | 68 Er 铒 4f¹²6s² 167.0 | 69 Tm 铥 4f¹³6s² 169.0 | 70 Yb 镱 4f¹⁴6s² 173.0 | 71 Lu 镥 4f¹⁴5d¹6s² 175.0 |
|---|---|---|---|---|---|---|---|---|---|---|---|---|---|---|

**锕系**

| 89 Ac 锕 6d¹7s² [227] | 90 Th 钍 6d²7s² 232.0 | 91 Pa 镤 5f²6d¹7s² 231.0 | 92 U 铀 5f³6d¹7s² 238.0 | 93 Np 镎 5f⁴6d¹7s² 237.0 | 94 Pu 钚 5f⁶7s² [244] | 95 Am 镅 * 5f⁷7s² [243] | 96 Cm 锔 * 5f⁷6d¹7s² [247] | 97 Bk 锫 * 5f⁹7s² [247] | 98 Cf 锎 * 5f¹⁰7s² [251] | 99 Es 锿 * 5f¹¹7s² [252] | 100 Fm 镄 * 5f¹²7s² [257] | 101 Md 钔 * (5f¹³7s²) [258] | 102 No 锘 * (5f¹⁴7s²) [259] | 103 Lr 铹 * (5f¹⁴7s²7p¹) [260] |
|---|---|---|---|---|---|---|---|---|---|---|---|---|---|---|

注：

相对原子质量录自1999年国际原子量表，并全部取4位有效数字。

第 2 章 稀土锆酸盐热障涂层材料设计方法

同时，考虑到第一原则中晶体结构的复杂化也是增大晶格非谐振动的原因，如果选择多种原子进行掺杂，就可以使晶体结构更为复杂，同样有助于热导率和热膨胀性能的改善。由于镧系元素的性质较接近，不同镧系元素所组成的陶瓷比较容易形成固溶体，还保证了其他性质的稳定性，因此，在 La~Lu 的范围内，选择多种稀土元素进行 A、B 位掺杂，有望得到平均原子量大的低导热高膨胀 $A_2B_2O_7$ 型稀土锆酸盐材料。如在 $Sm_2Zr_2O_7$ 中加入与 Sm 原子质量相差较大的 Yb 和 La，可有效降低其热导率。

### 2.4.2　离子间距设计

根据材料综合设计的第二原则，若要获得低热导率高热膨胀系数的陶瓷材料，可以通过增大离子间距的方法实现，而离子间距的增大意味着质点离子容易产生相对位移，即离子间的键能较小。由于 $A_2B_2O_7$ 晶格中 A、B 位离子所处的环境不同，二者离子半径的变化对离子间键能的影响效果也有所不同。

对于 A 位掺杂而言，$Re_2Zr_2O_7$（Re 为稀土元素）中的 Re 可以被其他稀土离子所取代，降低 Re—O 键的强度有利于 Re—O 键的扩张，即有利于增大 Re、O 间的离子间距，而离子间距的增大会在晶胞中引入弹性应变场，增强声子的散射，确保在提高 $Re_2Zr_2O_7$ 热膨胀系数的同时降低其热导率。轻稀土元素（La~Eu）和重稀土元素（Gd~Lu）的 Re—O 键能基本上都随原子序数的增大而降低，特别是轻稀土元素的变化很明显且有规律。此外，还应考虑稀土离子的高温价态变化，从图 2.3 中可以看出，Eu—O 键和 Yb—O 键的键能最低，但由于 $Eu^{3+}$ 在空气中易发生 $Eu^{3+} \leftrightarrow Eu^{2+}$ 之间的价态互变（≈473 K），影响涂层的循环使用寿命，因此，应避免这种易变价离子作为取代离子。

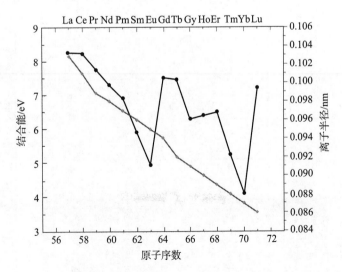

**图 2.3　Ln—O 的键能和离子半径与原子序数的关系[15]（书后附彩插）**

注：红色线为离子半径，黑色线为结合能

　　由于多种化学成分有利于晶体结构复杂化，可以降低热导率同时提高热膨胀系数，在多 A 位原子的基础上，继而选择不易引起相转变且有一定质量差异的元素进一步掺杂，有助于声子热导率的下降。尽管理论上掺杂带来的高键能 Re—O 键会不利于热膨胀系数的增大，但利用分子动力学计算的系列稀土元素和 Zr 原子与 O 原子间键随能量升高偏离平衡位置程度的结果表明，A 位离子改变时，由于其晶体结构相近，故其热膨胀系数比较接近。也就是说，尽管掺杂带来的 Re—O 键的键能较大，但其对热膨胀系数的贡献并不大。考虑到它对热导率的降低作用，A 位掺杂是一种切实可行的设计方法。

　　焦绿石在高温下有转变为无序萤石相（P–F 转变）的趋势，对于系列焦绿石相来说 A 位离子半径越小，发生 P–F 转变的趋势较大，且原子序数越大，相变温度越低，相转变越容易进行。基于这种影响，$Re_2Zr_2O_7$ 陶瓷中重稀土元素的含量不宜过多，实验研究表明，不引起 $Re_2Zr_2O_7$ 低温相变的 Yb 含量应不超过 10%，即最大掺杂量为 0.1。

　　对于 B 位掺杂而言，由于氧空位的存在，晶格中 A 位与 B 位的环境不同。如果按照 A 位原子影响 Re—O 键强度的规律，轻稀土元素和重稀土元素的 Re—O 键强基本随原子序数的增大而降低，即小半径离子的掺入使 Re—O 键强度下降，有利于增大离子间距。那么，随着 B 位离子半径的减小，B—O 之间的键强（吸引力）变弱，B—O 离子间距应该变大。然而，B 位离子半径的减小表明其离子性变弱，使其与正二价氧空位之间的排斥力变小，导致含有氧空位的 B 四面体收缩。由于排斥力的增加值远远大于吸引力的增加值，因而两种效应的综合结果表现为随着 B 有效离子半径的增大，其离子间距相应增加[16]。因此，若想通过 B 位掺杂来增大离子间距，掺杂元素的离子半径越大越好。在 A 位掺杂的基础上，可以选择具有大质量和半径的元素作为 B 位掺杂元素。掺杂一方面引起晶胞中原子质量差和半径差的增大，增强声子的散射作用，使热导率下降；另一方面大半径掺杂离子的存在增大了离子间距，能够提高材料的热膨胀系数。与 A 位原子类似，B 位掺杂离子也需考虑其对于相变的贡献，以 $Ce^{4+}$ 离子为例，在 $Re_2(Ce_xZr_{1-x})_2O_7$ 体系中，当 Ce 含量 $x \geq 0.4$ 时材料在高温下容易发生相转变。因此，$Ce^{4+}$ 离子的掺入应严格小于 0.4。

　　在热障涂层中，陶瓷与金属基体间不可避免会存在热失配问题，而尽量提高陶瓷层材料的热膨胀系数是缓解涂层因热失配而失效的主要途径。为了进一步提高复杂稀土锆酸盐的热膨胀系数、增大离子间距，必须有效改善离子键的强度。从图 2.4 中 A、B 位阳离子与 O 离子间的键强关系可以看出，随着能量的升高，原子振动偏离平衡位置的距离从大到小大致可分为三个区域，分别是 Zr—O 区、Ln—O 区和 O—O 区。由于温度是物质内能的外在表象，能量的升高对应于温度的升高，也就是说，随着温度的升高，原子振动偏离平衡位置的距离从大到小依次为 Zr—O 键、Ln—O 键和 O—O 键。这说明 Zr—O 键对于热膨胀系数起主要贡献，而 O—O 键对于热膨胀系数几乎没有贡献，且因镧系收缩的原因，不同稀土元素的离子半径相差很小，Ln—O 键的强度变化也不明显。因此，A 位稀土离子的取代对 $Re_2Zr_2O_7$ 的热膨胀性质的影响很有限，而 B 位成分的改变是改善热膨胀系数的关键。研究表明，在保证相稳定性的基础上 B 位 $Ce^{4+}$ 离子将有利于热膨胀系数的提高。

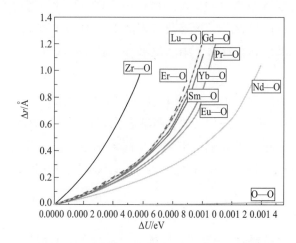

**图 2.4　不同原子和 O 原子间的振动随能量升高偏离平衡位置的距离[17]（书后附彩插）**

### 2.4.3　氧缺陷设计

根据低热导率高热膨胀系数材料综合设计的第三原则，晶胞中氧缺陷浓度的提高也是改善材料热物理性能的有效手段。氧缺陷的形成可以通过掺杂差价阳离子的方法来实现。由于 $Re_2Zr_2O_7$ 晶格中存在正三价的稀土离子，正五价 B 位阳离子的引入会与结构中的氧空位相抵消，避免了氧缺陷的产生，结果使得热膨胀系数降低而热导率提高。为此，在保证原有氧缺陷稳定存在的前提下，选择正二价 A 位离子掺杂以促进氧缺陷的生成。$Sr^{2+}$ 离子可以在保证高温相稳定性及低热导率的情况下对 $Re_2Zr_2O_7$ 进行 A 位掺杂，提高氧缺陷浓度。氧缺陷浓度的提高不仅增强缺陷对声子的散射作用，还使其周围的离子键弱化，从而保证降低热导率的同时提高热膨胀系数。然而，在热障涂层的具体使用环境下，氧空位过多易于加速氧离子的传导，使涂层的抗氧化能力下降，鉴于此影响，$Sr^{2+}$ 离子的添加量不宜过多。

综上所述，晶体中阳离子间的离子间距和空位浓度是影响这两种性能的主要因素。离子间距的增大使晶胞中产生弹性应变场，增强了声子散射，晶胞中空位浓度的提高，也使声子散射加剧；而这两种微观结构的改变，均削弱离子间的化学键强度，达到了降低热导率提高热膨胀系数的目的。同时，晶格中原子质量的改变也有助于声子热导率的降低。复杂稀土锆酸盐材料的热导率和热膨胀系数随晶体中微观组成的变化规律与低热导率高热膨胀系数的材料综合设计原则相吻合。基于上述准则，可以设计出（$Sm_{1-x}La_x$）$_2Zr_2O_7$、$Sm_2$（$Zr_{1-x}Ce_x$）$_2O_7$、（$Sm_{0.5}La_{0.5}$）$_2$（$Zr_{1-x}Ce_x$）$_2O_7$、（$La_{0.4}Sm_{0.5}Yb_{0.1}$）$_2Zr_2O_7$、（$La_{0.4}Sm_{0.5}Yb_{0.1}$）$_2$（$Zr_{0.7}Ce_{0.3}$）$_2O_7$、（$La_{0.4}Sm_{0.5}Yb_{0.1}$）$_2$（$Zr_{0.7}Ce_{0.4}$）$_2O_{7.4}$、（$Sr_{0.1}La_{0.3}Sm_{0.5}Yb_{0.1}$）$_2$（$Zr_{0.7}Ce_{0.4}$）$_2O_{7.3}$ 等一系列具有优异性能的稀土锆酸盐陶瓷材料。

## 本 章 小 结

本章详细介绍了稀土锆酸盐材料的结构及其性能，并评估了其作为热障涂层使用的优点及需进一步改进点。根据稀土锆酸盐相关特征，提出了对稀土锆酸盐材料结构调控方式及性能有预测准则，并根据这种调控方式和预测准则，设计并制备了典型复杂稀土锆酸盐材料，对其具体调控细节进行了重点分析。

## 参 考 文 献

[1] PADTURE N P, GELL M, JORDAN E H. Thermal barrier coatings for gas-turbine engine applications [J]. Science, 2002, 296: 280-284.

[2] BISSON J F, FOURNIER D, POULAIN M, et al. Thermal conductivity of yttria-zirconia single crystals, determined with spatially resolved infrared thermography [J]. Journal of the American Ceramic Society, 2000, 83: 1993-1998.

[3] KOKINI K, DEJONGE J, RANGARAJ S, et al. Thermal shock of functionally graded thermal barrier coatings with similar thermal resistance [J]. Surface and coatings technology, 2002, 154: 223-231.

[4] AHRENS M, VASSEN R, STÖVER D. Stress distribution in plasma-sprayed thermal barrier coatings as a function of interface roughness and oxide scale thickness [J]. Surface and Coatings Technology, 2002, 161: 26-35.

[5] 尹衍升. 氧化锆陶瓷及其复合材料 [M]. 北京: 化学工业出版社, 2004.

[6] 林锋, 蒋显亮. 热障涂层的研究进展 [J]. 功能材料, 2003, 34 (3): 254-257.

[7] BERMAN R. Thermal conduction in solids [M]. Oxford: Clarendon Press, 1976.

[8] ZIMAN J. The thermal properties of materials [J]. Scientific American, 1967, 217 (3): 180-188.

[9] SOYEZ G, EASTMAN J A, THOMPSON L J, et al. Grain-size-dependent thermal conductivity of nanocrystalline yttria-stabilized zirconia films grown by metal-organic chemical vapor deposition [J]. Applied Physics Letters, 2000, 77 (8): 1155-1157.

[10] NICHOLLS J R, LAWSON K J, JOHNSTONE A, et al. Methods to reduce the thermal conductivity of EB-PVD TBCs [J]. Surface and Coatings Technology, 2002, 151-

152：383 - 391.

[11] 田莳. 材料物理性能 [M]. 北京：北京航空航天大学出版社，2004.

[12] 中国金属学会，中国有色金属学会. 金属材料物理性能手册：第 1 册 [M]. 北京：冶金工业出版社，1987.

[13] 郑能武，张鸿烈，赵维蓉. 化学键的物理概念 [M]. 合肥：安徽科学技术出版社，1985.

[14] 钱逸泰. 结晶化学导论 [M]. 合肥：中国科学技术大学出版社，2002.

[15] 张锋. 新型热障涂层陶瓷粉体材料基本热物性参数的预测方法研究 [D]. 北京：北京理工大学，2008.

[16] ROHRER G S. Structure and bonding in crystalline materials [M]. Cambridge：Cambridge University Press，2001.

[17] 张慧玲. 焦绿石相稀土锆酸盐的相结构、高温相稳定性及形成机理研究 [D]. 北京：北京理工大学，2007.

# 第 3 章
# 稀土锆酸盐热障材料的制备技术

稀土锆酸盐材料属于典型的陶瓷材料，在第 2 章中已经熟知了稀土锆酸盐材料的基本设计思路，而为了实现其理论上的优异性能，合适的制备方法也必不可少。本章将着重介绍稀土锆酸盐粉体材料及陶瓷块体的制备方法，并分析其优缺点，方便读者在不同情况下做出正确选择。

## 3.1 稀土锆酸盐的固相合成及实例分析

### 3.1.1 稀土锆酸盐固相合成概述

固相法制备是指将原料粉均匀混合后高温煅烧使之发生固相反应后直接得到或研磨后得到超细粉的材料制备方法。固相反应是高温条件下固体材料制备过程中的一个普遍的物理化学现象，在反应参与物都是固体物质的情况下，其一般过程是：首先反应物直接接触，在一定的温度下，两相界面上发生化学反应（如属纯固相颗粒体系，则在颗粒间的接触点或面上进行化学反应），形成一定的产物层；然后反应物通过产物层进行扩散迁移使得固相反应继续进行，直到体系达到平衡状态。因此固相反应往往涉及多个物相体系，其中的化学反应和扩散过程同时进行，反应的控制因素较为复杂，不同阶段的控制因素也千变万化，固相反应可认为是一种多相、多过程、多因素的复杂反应过程。

### 3.1.2 稀土锆酸盐的固相反应机理

固相法影响因素主要是固相反应温度及保温时间，这是由固相反应机制决定的。此外，固相反应之前混合粉的均匀程度也会对固相产物有一定影响。

下面将以 $Sm_2O_3$ 与 $ZrO_2$ 反应生成 $Sm_2Zr_2O_7$ 为例，分析固相法制备稀土锆酸盐的反应机理及离子扩散模式：

在 $Sm_2O_3$ 与 $ZrO_2$ 的反应中，阳离子的扩散方式主要有以下两种：

$$1/2Sm_2O_3 \xrightarrow{ZrO_2} Sm'_{Zr} + 0.5V_O^{\cdot\cdot} + 1.5O_O^{\times} \tag{3.1}$$

$$ZrO_2 \xrightarrow{Sm_2O_3} Zr_{Sm}^{\cdot} + V'_{Zr} + 2O_O^{\times} \tag{3.2}$$

Kapustinskii 提出的晶格能估算公式[1]为

$$U = \frac{125\,200vZ^+\,Z^-}{r_0}\left(1 - \frac{34.5}{r_0}\right) \tag{3.3}$$

式中，$v$ 为每个"分子"中离子的个数；$Z^+$、$Z^-$ 分别为正负离子的电价；$r_0$ 为正负离子半径之和。可以计算出，$ZrO_2$ 和 $Sm_2O_3$ 的晶格能分别是 230.65 kcal/mol 和 195.54 kcal/mol，$ZrO_2$ 的晶格能大于 $Sm_2O_3$ 的晶格能，说明 $Sm_2O_3$ 中的 $Sm^{3+}$ 更容易脱离自己的晶格的束缚。式（3.1）和式（3.3）对应的反应平衡常数分别为

$$K_{Sm_2O_3} = \frac{[Sm'_{Zr}][V_{\ddot{O}}]^{0.5}[O_0^{\times}]^{1.5}}{[Sm_2O_3]^{0.5}} \tag{3.4}$$

$$K_{ZrO_2} = \frac{[Zr_{Sm}^{\cdot}][V'_{Zr}][O_0^{\times}]^2}{[ZrO_2]} \tag{3.5}$$

若取 $Sm^{3+}$ 和 $Zr^{4+}$ 的浓度分别为 1，则有

$$\frac{K_{Sm_2O_3}}{ZrO_2} > 1 \tag{3.6}$$

而缺陷化学反应的平衡常数可表示为[1]

$$K = k\exp\left(-\frac{\Delta G_f}{kT}\right) \tag{3.7}$$

式中，$\Delta G$ 为缺陷形成自由能。根据式（3.5）、式（3.6）可以得到式（3.1）、式（3.3）对应的缺陷形成自由能满足如下关系：

$$\Delta G_{f-Sm_2O_3} < \Delta G_{f-ZrO_2} \tag{3.8}$$

所以从晶格能和扩散自由能两个方面可以说明，$Sm^{3+}$ 进入 $ZrO_2$ 晶格取代 $Zr^{4+}$ 要比 $Zr^{4+}$ 进入 $Sm_2O_3$ 取代 $Sm^{3+}$ 容易。

为了更进一步说明 $Sm_2O_3$ 与 $ZrO_2$ 的固溶过程，对分别在 600 ℃、700 ℃、800 ℃、900 ℃、1 000 ℃、1 100 ℃、1 200 ℃、1 300 ℃、1 400 ℃、1 500 ℃、1 600 ℃下烧结 2 h 后的混合粉的物相进行分析。

图 3.1（a）是不同温度下试样的 XRD（X 射线衍射）图谱，其中 20 ℃是原始 $Sm_2O_3$ 和 $ZrO_2$ 混合粉末的 XRD 图谱。在 600 ~ –900 ℃，试样的 XRD 图谱与原始粉末相比并没有发生任何变化，也即仍然是 $Sm_2O_3$ 和 $ZrO_2$ 的机械混合物，如图 3.1 中 "★" 所指，1 000 ℃虽然有所变化，但并不十分明显。1 100 ℃时图谱中已经出现明显的宽化峰，表明 $Sm_2O_3$ 与 $ZrO_2$ 已经发生明显反应[2-3]，同时也说明 1 000 ℃时 $Sm_2O_3$ 与 $ZrO_2$ 已经开始反应，只是反应程度较小，在 XRD 图谱上表现并不十分明显。1 200 ℃时的宽化峰变得更加明显，而原始成分的衍射峰逐渐弱化，说明 $ZrO_2 - Sm_2O_3$ 反应程度进一步增加。1 300 ℃时 XRD 图谱中已经出现明显的焦绿石相的衍射峰，说明 1 300 ℃时试

样中已经出现 $Sm_2Zr_2O_7$ 相，不同稀土元素的锆酸盐对应的 $2\theta$ 角略有不同，在 $ZrO_2$ 固溶体方面的晶格参数研究表明，$ZrO_2 - R_2O_3$ 固溶体主要是立方结构的萤石相[4-5]，1 300 ℃ 附近已形成的固溶体发生由萤石向焦绿石结构的转变，在 1 000~1 200 ℃，试样中相成分是 $Sm_2O_3$ 和 $ZrO_2$ 的机械混合物以及萤石结构的 $ZrO_2 - Sm_2O_3$ 固溶体，并且随着温度的升高，$Sm_2O_3$ 与 $ZrO_2$ 的机械混合物逐渐减少，萤石结构的 $ZrO_2 - Sm_2O_3$ 固溶体含量逐渐增加。1 300 ℃ 时 XRD 图谱中已经出现明显的焦绿石相 $Sm_2Zr_2O_7$，并保留有少量的原始粉末的衍射峰，说明此时试样为 $Sm_2O_3$、$ZrO_2$、$ZrO_2 - Sm_2O_3$ 固溶体及 $Sm_2Zr_2O_7$ 组成的混合物。1 400 ℃ 时原始粉末的衍射峰已基本消失，焦绿石相的衍射峰进一步增强，1 500 ℃ 时图谱中已主要由焦绿石相构成。根据试样 1 200~1 300 ℃ XRD 图谱变化可知，1 200 ℃ 以后，$Sm_2O_3$ 和 $ZrO_2$ 继续发生固溶形成萤石结构 $ZrO_2 - Sm_2O_3$ 固溶体的同时，在 1 300 ℃ 之前，先前形成的 $ZrO_2 - Sm_2O_3$ 固溶体发生从萤石结构到焦绿石结构的转变，固溶与相变同时进行。到 1 400 ℃ 时，原始粉末衍射峰的消失说明 $Sm_2O_3$ 与 $ZrO_2$ 已经完全固溶，此时样品为 $ZrO_2 - Sm_2O_3$ 固溶体与 $Sm_2Zr_2O_7$ 组成的混合物，1 500 ℃ 时图谱主要由焦绿石相组成，表明 $ZrO_2 - Sm_2O_3$ 固溶体已完全转化为 $Sm_2Zr_2O_7$ 晶体。

为进一步了解 $Sm_2O_3$ 与 $ZrO_2$ 的固溶过程，图 3.1（b）将 $46°~52.5°$ 的 XRD 图谱放大显示。选择该角度范围是因为在 $50°$ 衍射角附近出现 $ZrO_2 - Sm_2O_3$ 固溶体衍射峰，而且在 $50°$ 附近的衍射峰也比较多，容易同时将 $ZrO_2$ 和 $Sm_2O_3$ 的衍射峰包含在内，有利于进一步了解二者的固溶过程。原始试样在 $46°~52.5°$ 的四个衍射峰中，除 $49.317°$ 是 $ZrO_2$ 的衍射峰外，其余三个均为 $Sm_2O_3$ 的衍射峰。由图 3.1（b）可以看出，在 20~900 ℃，$ZrO_2$ 与 $Sm_2O_3$ 的衍射峰的位置基本没有发生变化，1 000 ℃ 时不但在 $ZrO_2$ 的左边出现了一个微弱的新相峰，而且可以发现，与 900 ℃ 相比 $ZrO_2$ 衍射峰向左略有偏移，这说明 $Sm_2O_3$ 中 $Sm^{3+}$ 进入 $ZrO_2$ 晶格中并占据了 $Zr^{4+}$ 的位置，由于 $Sm^{3+}$ 的离子半径大于 $Zr^{4+}$ 的离子半径，$Sm^{3+}$ 的进入使 $ZrO_2$ 的晶格常数增大，晶格常数的增大将导致晶面间距的增大，根据布拉格方程可知 $ZrO_2$ 的衍射峰将向小角度方向移动。掺杂阳离子进入 $ZrO_2$ 基质晶格并取代基质阳离子是形成 $ZrO_2$ 固溶体的主要机制[6-9]，$Sm^{3+}$ 进入 $ZrO_2$ 基质晶格取代 $Zr^{4+}$ 离子由于二者化合价的区别，为满足局部电中性的要求将产生氧缺陷，大量氧缺陷的出现将加速 $Sm^{3+}$ 的扩散即促进 $Sm_2O_3$ 与 $ZrO_2$ 的固溶过程。1 000 ℃ 时 $ZrO_2$ 衍射峰的左移及其左边微弱新相衍射峰的出现，充分说明了 1 000 ℃ 时 $Sm_2O_3$ 与 $ZrO_2$ 已经发生固溶，而且其固溶的过程主要是 $Sm_2O_3$ 中的 $Sm^{3+}$ 进入 $ZrO_2$ 晶格并取代 $Zr^{4+}$ 的位置，由于二者离子半径的差别，如果 $Zr^{4+}$ 进入 $Sm_2O_3$ 晶格取代 $Sm^{3+}$ 将会导致 $Sm_2O_3$ 的衍射峰向右偏移，而图 3.1 中 $Sm_2O_3$ 的衍射峰并没有向右偏移，这又与前面的理论预测一致。在 1 000~1 200 ℃，$Sm_2O_3$ 衍射峰逐渐向左移动，到 1 400 ℃ 已经基本消失。$Sm_2O_3$ 衍射峰向左移动是由于自身的相变引起的，常温下 $Sm_2O_3$ 以单斜相存在，875 ℃ 时发生单斜相向立方相的转变[10]，晶格常数增大导致晶面间距的增加，因此 $Sm_2O_3$ 的衍射峰向左移动。在

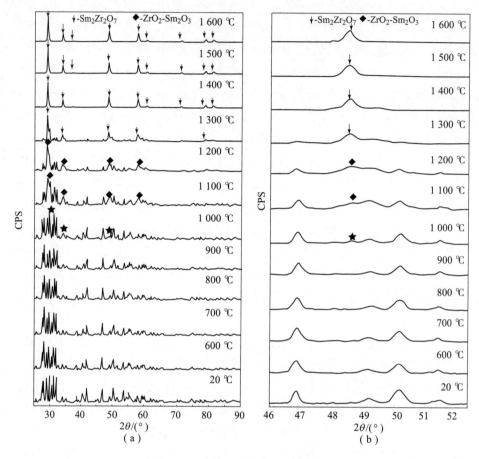

**图 3.1　不同温度下试样的 XRD 图谱**

（a）10°~90°；（b）46°~52.5°

1 000~1 300 ℃新相衍射峰强度的增加表明 $Sm_2O_3$ 与 $ZrO_2$ 反应程度的增大，在 1 300~1 500 ℃，形成的 $Sm_2Zr_2O_7$ 的衍射峰逐渐向左移动，这正是萤石结构的 $ZrO_2 - Sm_2O_3$ 的固溶体向焦绿石结构的 $Sm_2Zr_2O_7$ 转变的标志[2-3]，在 1 500~1 600 ℃，试样的 XRD 图谱除逐渐窄化外并无其他变化，说明 1 500 ℃时试样已经变成纯的 $Sm_2Zr_2O_7$ 相，$Sm_2Zr_2O_7$ 衍射峰的窄化应该是由于 $Sm_2Zr_2O_7$ 晶体生长造成的，这是固相反应的主要阶段之一[1]。

由于 1 500 ℃以后已经形成纯净的 $Sm_2Zr_2O_7$，在此基础上研究不同保温时间对 $Sm_2Zr_2O_7$ 结构的影响，1 600 ℃下不同保温时间的试样的 XRD 图谱如图 3.2 所示。由图 3.2 可知，从 0.5 h 到 2 h，$Sm_2Zr_2O_7$ 的衍射峰逐渐变窄，说明 $Sm_2Zr_2O_7$ 的晶粒逐渐长大，5 h 以后 $Sm_2Zr_2O_7$ 的衍射峰基本上无变化，说明保温 5 h，$Sm_2Zr_2O_7$ 的晶体生长和结构缺陷校正阶段已基本结束，对于获得纯净的 $Sm_2Zr_2O_7$ 晶体，保温 10 h 已经足够。

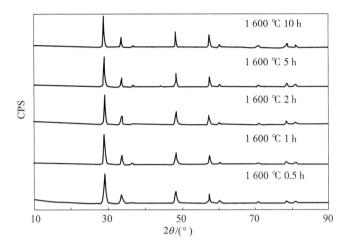

图 3.2　1 600 ℃下不同保温时间的试样的 **XRD** 图谱

### 3.1.3　稀土锆酸盐的固相反应模型

根据上面的介绍，对 $Sm_2O_3$ 和 $ZrO_2$ 的固相反应过程有了较为清晰的认识。但是其描述又太过冗长，为了简单地描述这一反应过程，可以建立该反应的模型。

该反应模型概括如下：

（1）从 1 000 ℃开始，$Sm_2O_3$ 中的 $Sm^{3+}$ 逐渐向 $ZrO_2$ 晶格中扩散并取代 $Zr^{4+}$ 的位置，二者由于化合价的差别为保持晶格结构局部的电中性而引入了氧空位，氧空位的引入促进 $Sm^{3+}$ 的扩散，加快了萤石结构 $ZrO_2$ – $Sm_2O_3$ 固溶体的形成，该过程直到 1 400 ℃ 才基本结束。

（2）在 1 200 ~ 1300 ℃，$Sm_2O_3$ 与 $ZrO_2$ 发生固溶的同时，已形成 $ZrO_2$ – $Sm_2O_3$ 固溶体开始发生由萤石结构向焦绿石结构的转变，到 1 500 ℃所有 $ZrO_2$ – $Sm_2O_3$ 固溶体完全转变为 $Sm_2Zr_2O_7$。

（3）1 500 ℃以后，$Sm_2Zr_2O_7$ 晶体逐渐长大并最终形成理想的 $Sm_2Zr_2O_7$ 晶体，整个过程并无其他中间相生成。$Sm_2Zr_2O_7$ 的整个形成过程可用如图 3.3 所示的宏观模型表示（图中左斜线代表 $Sm_2O_3$，右斜线代表 $ZrO_2$，方格代表 $Sm_2O_3$ – $ZrO_2$ 固溶体，点画线代表 $Sm_2Zr_2O_7$ 晶体）。图 3.3（a）为 $ZrO_2$ 和 $Sm_2O_3$ 的原始状态，图 3.3（b）为 $Sm^{3+}$ 开始向 $ZrO_2$ 中扩散，并在 $Sm_2O_3$ 与 $ZrO_2$ 的中间形成 $Sm_2O_3$ – $ZrO_2$ 的固溶体，随后 $Zr^{4+}$ 开始向 $Sm_2O_3$ 中扩散，$Sm_2O_3$ – $ZrO_2$ 固溶体的量逐渐增多，在反应进行到一定程度后，生成的固溶体部分转变成焦绿石结构的 $Sm_2Zr_2O_7$，在 $Sm_2O_3$ 与 $ZrO_2$ 反应结束后，试样由 $Sm_2O_3$ – $ZrO_2$ 固溶体和 $Sm_2Zr_2O_7$ 组成 [图 3.3（e）]，最后完全转变成 $Sm_2Zr_2O_7$。其微观模型如图 3.4 所示。

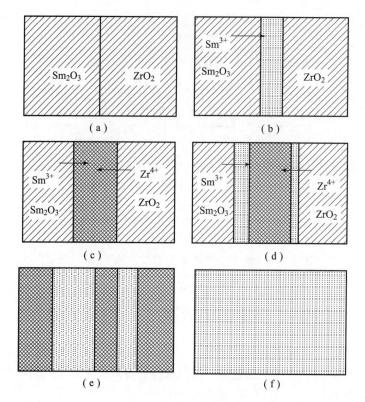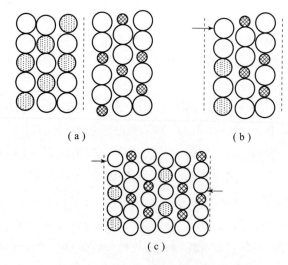

图 3.3　$Sm_2Zr_2O_7$ 形成过程宏观模型

图 3.4　$Sm_2Zr_2O_7$ 形成过程微观模型

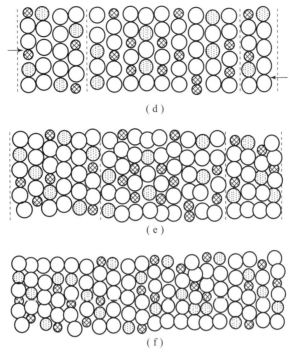

（d）

（e）

（f）

图 3.4　$Sm_2Zr_2O_7$ 形成过程微观模型（续）

# 3.2　稀土锆酸盐的液相合成及实例分析

## 3.2.1　稀土锆酸盐液相合成概述

稀土锆酸盐的液相法合成通常采用化学共沉淀法。化学共沉淀法是指在溶液中含有两种或多种阳离子，它们以均相存在于溶液中，加入合适的沉淀剂（氨水），经沉淀反应后，可生成各种成分的均匀的沉淀，沉淀热分解得到高纯纳米粉体材料，它是制备含有两种或两种以上金属元素的复合氧化物超细粉体的重要方法。共沉淀法的优点在于容易制备粒度小而且分布均匀的纳米粉体材料。与固相法相比，用共沉淀法合成的纳米粉体具有更高的化学均匀性和反应活性。而且共沉淀法操作设备简单、原料消耗少、成本较低，既可小批量生产，也可大规模进行合成。该方法适合几乎所有无机化合物沉淀的合成。

## 3.2.2　稀土锆酸盐液相合成的影响因素

在化学共沉淀法制备稀土锆酸盐纳米粉末的过程中，沉淀可分为两个过程，即晶核的形成过程和晶核的长大过程，晶核形成是快速而短暂的，晶体生长则是较缓慢的，缓慢的程度与晶体本质和所处的周围环境有关。

溶液处于过饱和的介稳态时，分子或离子的运动使某些局部区域内的分子凝聚、生长，当体积达到相当程度后形成晶核，成核是粒子生长过程中必不可少的核心。根据晶核产生的机理，可以将成核细分为初级成核和二次成核，其中初级成核又分为初级均相成核和初级非均相成核，二次成核又分为流体剪应力成核和接触成核。当一个结晶系统中不存在晶粒时，出现初级成核，而二次成核发生在有晶粒存在时。成核速率为

$$I = NB\exp(-(\Delta_{Gk} + \Delta_{Ga})/kT) \tag{3.9}$$

式中，$N$ 为单位体积内原子数，主要受溶液浓度的影响；$B$ 为晶核捕获原子概率，主要受反应温度、pH 值的影响；$k$ 为玻尔兹曼常数；$T$ 为反应绝对温度；$\Delta_{Gk}$ 为临界胶核形成的位垒；$\Delta_{Ga}$ 为扩散过程的位垒，$\Delta_{Gk}$ 随过程而变化，与过冷度 $\Delta T$ 关系为 $\Delta_{Gk} \sim (1 + T/\Delta T)^2$，而 $\Delta_{Ga}$ 则受温度影响较小，可认为不随过程而变。成核速率的快慢与反应温度、反应物的接触方式和过饱和度都有关系，并对制备的稀土锆酸盐材料元素组分产生影响。所以共沉淀法中成核速率及元素组分主要受溶液浓度、溶液的 pH 值和反应温度的影响。

晶粒的长大受溶质在颗粒表面发生的反应控制，其生长速率与其表面积和浓度成正比，其长大过程和其他具有化学反应的传递过程相似，可分为两步：一是溶质分子向晶核的扩散传质过程；二是溶质分子在晶粒表面固定化，即表面沉淀反应过程。成核速率和生长速率的相对大小，决定了沉淀物颗粒的结构与特性。晶核长大的半径为

$$r = \int \frac{2\lambda DV\frac{2}{m}C_\infty}{RrT}\left(\frac{1}{r^*} - \frac{1}{r}\right) \tag{3.10}$$

可以看出，晶核生长受到稀土锆酸盐晶核的固相溶解度、固相颗粒半径和温度的影响；过饱和度对温度敏感，温度升高一些，过饱和度下降快，使临界半径增大；pH 值对晶核的固相溶解度、固相颗粒半径的变化也起很大的作用，并且反应物浓度、反应温度和 pH 值之间在反应过程也会相互制约影响。下面分别对反应物浓度、反应温度和 pH 值这三个影响因素展开讨论。

### 3.2.3　不同影响因素的影响机理及综合分析

**反应物浓度**：反应物的浓度对形成胶体的微粒尺寸大小有一定的影响。在溶胶形成过程中，前驱体反应物浓度值能有效控制溶胶胶粒尺寸大小。反应物的浓度越高，反应进行的速率越快，进而达到饱和浓度的时间越短。当分子聚集状态达到临界尺寸时，溶胶便开始形核与长大。实际上，溶胶的形成过程就是胶粒的形核与长大的过程。反应物浓度通过对形核率的影响继而影响微粒的尺寸。在低浓度时，胶粒的大小由核的长大过程决定，但在较高浓度时，溶胶形成则由形核所控制，胶粒大小由临界晶核尺寸所决定。大量的实验数据表明，浓度越低，制备的陶瓷粉体粒径及元素组分分布

越好，但浓度过低又会导致制备效率的下降。

**反应温度**：一般来讲，共沉淀过程是沉淀和溶解互相竞争的过程。溶解是吸热过程，这需要外界提供热量，如果环境温度过低，不足以提供溶解的热量，生成沉淀的溶解度就降低，有利于生成粗大的结晶沉淀。同时，过饱和度对温度也非常敏感，颗粒的粒径随溶液的过饱和度减小呈增大的趋势。另外，吸附是个放热过程，如果环境温度较低，可以同时减少沉淀物对于杂质的吸附，使其易于清洗干净，在焙烧过程中直接生成纯相陶瓷粉末。而实验温度过低，则不足以提供均匀化学反应所需能量，也难以得到纯相粉体。一般来说，共沉淀法制备稀土锆酸盐的温度应选在 40～60 ℃，以达到最好的粉体分散性。

**pH 值**：溶液的 pH 值对形成的胶体尺寸大小有明显的影响作用。沉淀物胶粒是带电的，胶粒表面带电增强了胶粒的空间位阻效应，并随着溶液的 pH 值变化而变化。pH 值对溶胶颗粒大小的影响可以从溶胶的分散性和膨胀作用来解释。当胶粒表面所带电荷与电解质所带电荷相等且异号时，胶粒处于等电点状态，在等电点附近，一方面由于位阻效应显著削弱，沉淀开始形成的胶粒不稳定，很快聚成大块絮状物；另一方面，溶剂通过胶粒表面渗入胶粒的渗透压减弱，导致溶胶颗粒较大。随着 pH 值增大，溶液中 $OH^-$ 浓度升高，$\xi$ 电位升高，从而会将更多的 $OH^-$ 压缩到固定层内。对于稀土锆酸盐材料而言，这样使 $ZrO(OH)_2Re(OH)_3$ 胶粒表面吸附更多的 $OH^-$ 离子。这样，一旦遇到游离的 $Re^{3+}$、$Zr^{4+}$ 离子，就会在已形成的 $ZrO(OH)_2Re(OH)_3$ 胶粒表面上不断生成 $ZrO(OH)_2Re(OH)_3$，从而使 $ZrO(OH)_2Re(OH)_3$ 粒子长大，同时，胶粒表面带有的同号电荷也会随之增加，胶粒间相互排斥，位阻效应增强，所以胶粒的稳定性提高、分散性较好。根据经验 pH 值在 12 时，共沉淀法制备的陶瓷粉组元分布最好，但其分散性较差，因此在实际中多采用 pH 值为 10 的制备环境。

综合上述因素，以 $Sm_2Zr_2O_7$ 材料为例，通过正交实验法，可以更具体地说明上述 3 个因素对液相法合成材料的影响：

由表 3.1 可以看出，6 号实验的 Sm、Zr 元素比要远远低于其他实验的 Sm、Zr 元素比；当 Sm、Zr 元素比为 0.87～1.15 时，均可形成烧绿石相结构，可以发现所有实验的 Sm、Zr 元素比都处于这个范围内，即 1～9 号实验的纳米级 $Sm_2Zr_2O_7$ 陶瓷粉都可形成烧绿石相结构，但当 Sm、Zr 元素比为 1 时，焦绿石相结构才最稳定。3 个因素对应极差大小分别为 $D(浓度) = 0.032\ 7$，$D(温度) = 0.016\ 0$，$D(pH\ 值) = 0.003\ 4$，其大小关系为 $D(浓度) > D(温度) > D(pH\ 值)$，说明在 3 个影响因素中，锆酸钐粉 Sm、Zr 元素比的主次因素依次为反应物浓度、反应温度和 pH 值，其中反应物浓度是影响 $Sm_2Zr_2O_7$ 元素比的主要因素。由表 3.1 还可以看出，3 个因素对应方差比大小分别为 $F(浓度) = 2.31$，$F(温度) = 0.416$，$F(pH\ 值) = 0.018\ 5$，根据 $F$ 分布数值表得

$$F(a = 0.30, f_1 = 2, f_2 = 2) = 2.33$$
$$F(a = 0.25, f_1 = 2, f_2 = 2) = 3$$

表 3.1 正交实验结果分析表

| 序号 | 反应物浓度 | 反应温度 | pH 值 | 合成产物化学式 | Sm/Zr |
|---|---|---|---|---|---|
| 1 | 0.2 | 50 | 12 | $(Sm_{0.9554}Zr)_2O_{6.8662}$ | 0.955 4 |
| 2 | 0.6 | 50 | 10 | $(Sm_{0.9432}Zr)_2O_{6.8296}$ | 0.943 2 |
| 3 | 1.0 | 50 | 8 | $(Sm_{0.9535}Zr)_2O_{6.8605}$ | 0.953 5 |
| 4 | 0.2 | 30 | 10 | $(Sm_{0.9569}Zr)_2O_{6.8707}$ | 0.956 9 |
| 5 | 0.6 | 30 | 8 | $(Sm_{0.9322}Zr)_2O_{6.7966}$ | 0.932 2 |
| 6 | 1.0 | 30 | 12 | $(Sm_{0.9151}Zr)_2O_{6.7453}$ | 0.915 1 |
| 7 | 0.2 | 70 | 8 | $(Sm_{0.9343}Zr)_2O_{6.8029}$ | 0.934 3 |
| 8 | 0.6 | 70 | 12 | $(Sm_{0.9558}Zr)_2O_{6.8674}$ | 0.955 8 |
| 9 | 1.0 | 70 | 10 | $(Sm_{0.9300}Zr)_2O_{6.7900}$ | 0.930 0 |
| $K_1$ | 2.846 6 | 2.804 2 | 2.820 0 | 误差 e | |
| $K_2$ | 2.832 2 | 2.852 1 | 2.830 1 | | $\sum K =$ 8.477 1 |
| $K_3$ | 2.748 6 | 2.820 1 | 2.826 3 | | |
| $k_1$ | 0.948 9 | 0.934 7 | 0.940 0 | | |
| $k_2$ | 0.944 1 | 0.950 7 | 0.943 4 | | |
| $k_3$ | 0.916 2 | 0.940 0 | 0.942 1 | | $k =$ 0.941 9 |
| $D$ | 0.032 7 | 0.016 0 | 0.003 4 | 0.024 7 | |
| $S$ | $2.214 \times 10^{-3}$ | $3.987 \times 10^{-4}$ | $1.77 \times 10^{-5}$ | $9.581 \times 10^{-4}$ | |
| $f$ | 2 | 2 | 2 | 2 | |
| $v$ | $1.107 \times 10^{-3}$ | $1.994 \times 10^{-4}$ | $8.85 \times 10^{-6}$ | $4.795 \times 10^{-4}$ | |
| $F$ | 2.33 | 0.416 | 0.018 5 | 1.00 | |

所以反应物浓度对实验指标的影响在 0.30 水平上显著，反应温度和 pH 值对实验指标的影响不显著。

# 3.3 稀土锆酸盐陶瓷的制备及实例分析

## 3.3.1 无压烧结法

无压烧结是一种常规的烧结方法，它是指在常压下，通过对制品加热而烧结的一种方法，这是最常用也是最简单的一种烧结方式。无压烧结的原理是：在无外界压力条件下，将具有一定形状的坯体放在一定温度和气氛条件下经过物理化学过程变成致密、体积稳定、具有一定性能的固结致密块体的过程[11]。

无压烧结设备简单、易于工业化生产，是最基本的烧结方法。而对于稀土锆酸盐的无压烧结，其化学反应过程与固相法制备稀土锆酸盐粉末基本相同，这里不再赘述，主要介绍烧结过程坯体致密化的演变规律。因为在烧结过程中，颗粒粗化（coarsening）、素坯致密化（densification）、晶粒生长（grain growth）三者的活化能有不相同的依赖关系，即颗粒粗化、素坯致密化、晶粒生长三者主要在不同的温度区间进行，利用这种关系，就可通过烧结温度的控制，获得致密化速率大、晶粒生长较慢的烧结条件。烧结制度的控制，主要是控制升（降）温速度、保温时间及最高温度等。最常用的无压烧结为等速烧结。在无压烧结中，由于只有温度制度是可控制的因素，故对材料烧结的控制相对比较困难，致密化过程受到粉体性质、素坯密度等因素的影响十分严重。正是由于在无压烧结过程中，对烧结致密化过程的控制手段只有温度及升温速度两个参数，故对烧结过程中物体的致密化过程、显微结构发育等的研究最具意义，研究得最为活跃。无压烧结性能的优劣也与素坯的性质，或者说粉体性质密切相关。因而使用这种烧结方法，要获得良好的烧结体（高密度、晶粒细、可控缺陷），必须对整个粉料制备、表征过程、成型过程和烧结过程做详细研究[12]。

无压烧结是通过粉末颗粒间的黏结完成致密化过程，其驱动力主要是孔隙表面自由能的降低[13]。因此，致密化过程也就是粉体压制件（生坯）中孔表面积的减小过程，当然也就是孔体积的减小过程。对于稀土锆酸盐材料，通常其烧结原料为纳米或亚微米氧化物粉体。在烧结过程中，纳米晶陶瓷的致密化所遵循的规律与传统陶瓷的烧结过程一般不同，致密化过程包括三个阶段。

（1）相邻颗粒的接触点上出现瓶颈生长。

（2）陶瓷呈海绵状结构，管状孔道形成巨大网络，孔口一直到陶瓷样品的外表面上。随着管状孔收缩，其直径越来越小，致密化不断进行，大部分的致密化就是在这一阶段完成的。一旦这些孔的长径比足够大，它们就变得很不稳定，从而断开形成孤立的、封闭的球形孔。

（3）封闭的孔消失，完成烧结过程的最后阶段。

无压烧结制备稀土锆酸盐材料已经有较为完善成熟的体系，若对致密度及晶粒尺寸要求不高，无压烧结是制备稀土锆酸盐块体的首选方式。为了尽量提高无压烧结后材料的致密度，通常选择较高温度作为烧结温度，以稀土锆酸盐为例，$Sm_2Zr_2O_7$ 的无压烧结温度通常为 1 600 ℃，这种高温会使晶粒长大现象极为严重。图 3.5 为无压烧结制备的稀土锆酸盐块微观组织，可以发现，其晶粒长大现象已经十分严重。

无压烧结是目前应用最广泛的烧结技术，其技术简单、操作方便，适用于大部分陶瓷的制备，但由于无压烧结过程中没有外加压力，其成品致密度较差、晶粒长大现象严重。因此，为了获得高致密度稀土锆酸盐材料，最好采用其他陶瓷烧结技术。

图 3.5　无压烧结制备的稀土锆酸盐块体微观组织

### 3.3.2　热压烧结法

热压烧结是指将干燥粉料充填入模型内，再从单轴方向边加压边加热，使成型和烧结同时完成的一种烧结方法。早在 19 世纪，热压烧结就已经在粉末冶金领域出现，1912 年，德国就已经发表了热压技术制备 W/WC（钨/碳化钨）材料的专利。自 1930 年以来，热压烧结发展迅速，不仅在粉末冶金领域大放异彩，在制备难熔化合物及现代陶瓷领域也有广泛的应用。

热压烧结时，粉料处于热塑性状态，形变阻力小，易于塑性流动和致密化，所需成型压力小。同时，加温加压同步进行，有助于粉末颗粒的接触、扩散及流动传质过程，降低了烧结温度，缩短了烧结时间。因此，热压烧结的压力和温度通常比常压烧结低，且热压烧结更易获得接近理论密度的烧结体，由于保温时间短，晶粒来不及长大，热压烧结容易获得细晶组织。但由于设备限制，热压烧结的生产率低于常压烧结，且生产成本也偏高[14-15]。

与常压烧结类似，热压烧结过程也可分为三个阶段。

烧结初期：粉料在外部压力作用下，形成具有一定形状和机械强度的多孔坯体。烧结前成型体中颗粒以点接触，保留较多孔隙。

烧结中期：出现明显的传质过程，颗粒间从点接触扩大为面接触，固-气表面积减少，但仍有连通气孔，此阶段晶界移动比较容易。在表面能减少的推动下，烧结体相对密度迅速增大，粉粒重排、晶界滑移引起的局部碎裂或塑性流动传质慢慢填充气孔，并扩大晶界面积，使坯体变得致密化。

烧结后期：随着传质过程的继续，气孔进一步缩小变形，最终变为孤立的闭气孔。此时颗粒开始长大，粒界开始移动，气孔逐渐迁移到粒界上消失，烧结体致密度提高，一般可达到理论密度的95%以上。

热压烧结的驱动力主要有本征过剩表面能驱动力、本征 Laplace 应力和化学位梯度驱动力。本征过剩表面能驱动力可以用下面的简单方法估计：

$$\Delta E = E_\mathrm{P} - E_\mathrm{d} \tag{3.11}$$

式中，$E_p$ 为烧结前粉末系统的表面能；$E_d$ 为烧结致密后的表面能。本征表面能驱动力主要体现在原料粉的粒度上，粉末粒度越粗，比表面积越小，本征表面能驱动力就越小；粉末粒度越细，比表面积越大，本征表面能驱动力就越大。

本征 Laplace 应力则主要对烧结过程中孔洞的收缩做贡献。在烧结开始时，孔洞的形状往往并不是规则的，孔洞在收缩过程中通常是由不规则形状向球形过渡的，此时，孔洞的收缩必然伴随着颗粒接触的增加，当接触区面积扩大到一定程度后，出现烧结颈，Laplace 应力与烧结颈的曲率半径密切相关：

$$\sigma = \gamma\left(\frac{1}{x} - \frac{1}{\rho}\right) \tag{3.12}$$

式中，$x$ 为接触面积的半径；$\rho$ 为颈部的曲率半径；$\sigma$ 为本征 Laplace 应力。当孔洞完全变为球形时，Laplace 应力为 0，因此陶瓷中的气孔大多都是球形的。

对于单相系统，粉末接触区的本征 Laplace 应力在烧结颈表面与平表面会产生一个化学位差，也就产生了化学位梯度驱动力：

$$\Delta\mu = \sigma\Omega \tag{3.13}$$

式中，$\Omega$ 为原子体积。

用化学位梯度来定义烧结过程的热力学驱动力具有普遍意义。对于多相系统，由于化学组元的加入引起的自由能变化，以及外部施加应力引起的自由能变化，均可以用化学位差来计算。

热压烧结与常压烧结相比，烧结温度要低得多，而且烧结体中气孔率低、密度高。由于在较低温度下烧结，抑制了晶粒的长大，所得到的烧结体晶粒较细，并具有较高的机械强度。图 3.6 是热压烧结制备的稀土锆酸盐块微观组织，可以看到，与无压烧结相比，其晶粒长大并不明显，晶粒边界有熔合的现象，接触十分紧密。这些都是热压烧结后材料的典型微观形貌。热压烧结广泛地用于无压烧结难以致密化的材料的制备和纳米陶瓷的制备。表 3.2 列出通过热压烧结制备不同稀土锆酸盐材料的密度及气孔率。

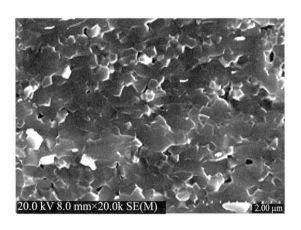

图 3.6　热压烧结制备的稀土锆酸盐块体微观组织

表 3.2　通过热压烧结制备不同稀土锆酸盐材料的密度及气孔率

| 材料成分 | 实际密度 /(g·cm^{-3}) | 理论密度 /(g·cm^{-3}) | 显气孔率 /% | 相对密度 /% |
|---|---|---|---|---|
| $Sm_2Zr_2O_7$ | 6.42 | 6.66 | 1.20 | 96.4 |
| $(Sm_{0.5}La_{0.5})_2Zr_2O_7$ | 6.17 | 6.37 | 0.23 | 96.8 |
| $Sm_2(Zr_{0.7}Ce_{0.3})_2O_7$ | 6.56 | 6.65 | 1.10 | 98.6 |
| $20\% YSZ-Sm_2Zr_2O_7$ | 6.48 | 6.62 | 0.36 | 97.3 |

# 本 章 小 结

本章介绍了稀土锆酸盐的几种常见合成方法，阐述了不同合成方法的优缺点，并对其合成机理进行分析，并介绍了具体的合成实例，便于根据不同使用条件选择适当的稀土锆酸盐合成方法。

# 参 考 文 献

[1] 樊先平，洪樟连，翁闻剑，等. 无机非金属材料科学基础 [M]. 杭州：浙江大学出版社，2003.

[2] FUERTES M C, SALGUEIRO W, SOMOZA A, et al. Thermal evolution of $La^{3+}/ZrO_2$ solid solutions obtained by mechanochemical activation [J]. Scripta Materialia, 2004, 50: 301 – 305.

[3] FUERTES M C, PORTO LÓPEZ J M. Mechanochemical synthesis and thermal evolution of $La^{3+}$-$ZrO_2$ cubic solid solutions [J]. Ceramics International, 2004, 30 (8): 2137 – 2142.

[4] YSHIMA M, ISHIZWA N, YOSHIMURA M. Application of an ion-packing model based on defect clusters to zirconia solid solutions: I, modeling and local structure of solid solutions [J]. Journal of the American Ceramic Society, 1992, 75: 1541 – 1549.

[5] YSHIMA M, ISHIZWA N, YOSHIMURA M. Application of an ion-packing model based on defect clusters to zirconia solid solutions: II, applicability of Vegard's law [J]. Journal of the American Ceramic Society, 1992, 75: 1550 – 1557.

[6] MICHEL D, FAUDOT F, GAFFET E, et al. Stabilized zirconias prepared by mechanical alloying [J]. Journal of the American Ceramic Society, 1993, 76: 2884 – 2888.

[7] GLZAZCHEV V S, LUKIN E S, BALASHEV V A, et al. Mechanism of formation of solid solutions in the systems $Y_2O_3$-$HfO_2$ and $Y_2O_3$-$ZrO_2$ [J]. Inorganic Materials, 1977, 13 (10): 1461 – 1462.

［8］ CHISTYI I L, FABELINSKII I L, KITAEVA V F, et al. Experimental study of the properties of ZrO$_2$-Y$_2$O$_3$ and HfO$_2$-Y$_2$O$_3$ solid solutions ［J］. Journal of Raman Spectroscopy, 1977, 6 (4): 183 – 192.

［9］ LEVITSKI V A, NARCHUK P B, HEKIMOV J, et al. Thermodynamic study of Some Solid solutions in the CaO-ZrO$_2$ system by EMF method ［J］. Journal of Solid State Chemistry, 1977, 20 (2): 119 – 125.

［10］ 苏锵. 稀土化学 ［M］. 郑州：河南科学技术出版社，1993.

［11］ 曾令可，李秀艳. 纳米陶瓷技术 ［M］. 广州：华南理工大学出版社，2006.

［12］ 张其土. 无机材料科学基础 ［M］. 上海：华东理工大学出版社，2007.

［13］ 易丹青，刘会群，王斌. 金属硅化物 ［M］. 北京：冶金工业出版社，2012.

［14］ 李瑜煜，张仁元. 热电材料热压烧结技术研究 ［J］. 材料导报，2007，21 (7)：126 – 129.

［15］ 张银喜，丁艳红，陈红玲，等. 热压烧结法制备磁性磨料：CN1297976 ［P］. 2001 – 06 – 06.

# 第 4 章

# 稀土锆酸盐材料的结构与性能

材料的成分、结构与其性能密切相关，科学的材料设计、合适的制备方法均是为得到优异性能而服务的。稀土锆酸盐材料作为热障涂层材料，其热物理性能一直是研究的重中之重，良好的热物理性能是保证材料应用性的基本条件，低热导率可以使涂层具有更为优异的隔热性能；高热膨胀系数可以降低稀土锆酸盐材料与金属黏结层的热应力，延长涂层的使用寿命。这些热物理性能又与稀土锆酸盐的成分及微观结构息息相关。在本章中，将对新型稀土锆酸盐材料的结构、微观组织及热物理性能进行讨论，分析热物理性能与其微观组织结构的响应关系，得到其性能的变化规律。

## 4.1 稀土锆酸盐的相结构及微观组织

### 4.1.1 稀土锆酸盐的相结构

稀土锆酸盐材料具有两种不同的相结构——焦绿石（pyrochlore）结构和缺陷萤石（deficient fluorite）结构[1]。通常，单一稀土锆酸盐材料晶体结构主要与其阳离子半径比值有关，形成稳定烧绿石结构的条件为：$1.46 \leqslant r(A^{3+})/r(B^{4+}) \leqslant 1.78$；当比值小于 1.46 时，形成缺陷萤石结构；当比值大于 1.78 时，则形成焦绿石相结构[2]。烧绿石结构可以看成是一种有序的缺陷萤石结构，一个完整的烧绿石结构晶胞中包含 8 个 $A_2Zr_2O_7$ 分子单元。烧绿石型稀土锆酸盐分子式 $A_2Zr_2O_7$ 可以表示为 $A_2Zr_2O_6O'$，有 4 种晶体学上不等价的原子位置。在其晶体结构中，结晶位置 16d 通常被半径较大的阳离子（如稀土元素）占据，可以与 8 个氧离子配位，形成立方体；半径较小的 $Zr^{4+}$ 离子位于 16c 的空间位置，仅被 6 个氧离子环绕，并与之形成八面体。根据所处的结晶位置与化学环境，烧绿石型稀土锆酸盐结构中有 3 种不同的氧离子晶格位置：8b、48f 和 8a，其中 O' 位于 8b 空间位置；O 处于 48f 空间位置；而氧空位位于 8a 的空间位置，并处于 4 个 $Zr^{4+}$ 离子形成的四面体中。萤石结构可用通式 $AO_2$ 表示，阳离子只有一种晶体学位置，而氧离子也只有一种晶体学位置，且处于周围阳离子的中心位置。对于缺陷萤石结构来说，有 1/8 的氧离子空缺，而且氧空位的位置随机分布，这时阳离子的配位数为 7。随着温度的升高，部分稀土锆酸盐材料会发生有序无序转变，即由有序的烧绿石结构转变为无序的缺陷萤石结构[3]。

对于复杂稀土锆酸盐，采用等效半径法来计算其 A 位与 B 位离子之间的半径比，以此判断其晶体结构。以 $(Sm_{1-x}La_x)_2Zr_2O_7$、$Sm_2(Zr_{1-x}Ce_x)_2O_7$ 和 $(Sm_{0.5}La_{0.5})_2(Zr_{1-x}Ce_x)_2O_7$ 为例，其等效离子半径比如表 4.1 所示。

表 4.1　稀土锆酸盐陶瓷材料阳离子半径比值

| 材料成分 | 相结构 | $R_A/R_B$ |
| --- | --- | --- |
| $Sm_2Zr_2O_7$ | 焦绿石 | 1.50 |
| $(Sm_{0.75}La_{0.25})_2Zr_2O_7$ | 焦绿石 | 1.527 |
| $(Sm_{0.5}La_{0.5})_2Zr_2O_7$ | 焦绿石 | 1.556 |
| $(Sm_{0.25}La_{0.75})_2Zr_2O_7$ | 焦绿石 | 1.583 |
| $La_2Zr_2O_7$ | 焦绿石 | 1.611 |
| $Sm_2(Zr_{0.9}Ce_{0.1})_2O_7$ | 焦绿石 | 1.45 |
| $Sm_2(Zr_{0.8}Ce_{0.2})_2O_7$ | 萤石 | 1.403 |
| $Sm_2(Zr_{0.7}Ce_{0.3})_2O_7$ | 萤石 | 1.358 |
| $Sm_2(Zr_{0.6}Ce_{0.4})_2O_7$ | 萤石 | 1.317 |
| $(Sm_{0.5}La_{0.5})_2(Zr_{0.9}Ce_{0.1})_2O_7$ | 焦绿石 | 1.503 |
| $(Sm_{0.5}La_{0.5})_2(Zr_{0.8}Ce_{0.2})_2O_7$ | 焦绿石 | 1.455 |
| $(Sm_{0.5}La_{0.5})_2(Zr_{0.7}Ce_{0.3})_2O_7$ | 焦绿石 | 1.409 |
| $(Sm_{0.5}La_{0.5})_2(Zr_{0.6}Ce_{0.4})_2O_7$ | 萤石 | 1.366 |

对制备出的上述样品进行 XRD 检测，结果与等效离子半径理论推断基本一致，如图 4.1 所示，但在 $CeO_2$ 掺杂的稀土锆酸盐中却出现与理论相反的现象，$Sm_2(Zr_{0.8}Ce_{0.2})_2O_7$、$Sm_2(Zr_{0.7}Ce_{0.3})_2O_7$、$Sm_2(Zr_{0.6}Ce_{0.4})_2O_7$、$(Sm_{0.5}La_{0.5})_2(Zr_{0.7}Ce_{0.3})_2O_7$ 和 $(Sm_{0.5}La_{0.5})_2(Zr_{0.6}Ce_{0.4})_2O_7$ 的 $R_A/R_B$ 值小于 1.46，应为缺陷萤石结构，而在 $(Sm_{0.5}La_{0.5})_2(Zr_{0.7}Ce_{0.3})_2O_7$ 的 XRD 图谱中，$2\theta = 37.2°$ 附近的衍射峰仍然存在，这是焦绿石结构特征峰之一，因此尽管 $(Sm_{0.5}La_{0.5})_2(Zr_{0.7}Ce_{0.3})_2O_7$ 的 $R_A/R_B$ 值小于 1.46，其依旧保持着焦绿石晶体结构，而 $Sm_2(Zr_{0.8}Ce_{0.2})_2O_7$、$Sm_2(Zr_{0.7}Ce_{0.3})_2O_7$、$Sm_2(Zr_{0.6}Ce_{0.4})_2O_7$、$(Sm_{0.5}La_{0.5})_2(Zr_{0.7}Ce_{0.3})_2O_7$ 和 $(Sm_{0.5}La_{0.5})_2(Zr_{0.6}Ce_{0.4})_2O_7$ 也不再是理论上的焦绿石结构，而是变成缺陷萤石结构。出现这种现象的原因是在焦绿石结构的固溶体中，当 B 位的 $M^{4+}$ 半径足够大时，焦绿石结构的 $A_2Zr_2O_7$ 稀土锆酸盐容易发生向缺陷萤石结构的转变，也即 A 位与 B 位的离子排列变得无序，形成有缺陷的萤石结构[4-9]。此外，由于 Ce 元素存在着两种化合价 $Ce^{3+}$ 和 $Ce^{4+}$，Ce 元素的氧化状态对氧化还原作用和温度非常敏感[10-12]，在含有 $CeO_2$ 的稀土锆酸盐固溶体中，焦绿石结构稀土锆酸盐中 1/8 的氧会在高温下因为 $Ce^{4+}$ 还原成 $Ce^{3+}$ 而失去，$Ce^{4+}$ 与 $Zr^{4+}$ 的排列变得无序。由于焦绿石结构固溶体 B 位有效离子半径的增大，以及 Ce 对温度和氧化还原状态的敏感，$Sm_2(Zr_{0.7}Ce_{0.3})_2O_7$、$Sm_2(Zr_{0.6}Ce_{0.4})_2O_7$ 和 $(Sm_{0.5}La_{0.5})(Zr_{0.6}Ce_{0.4})_2O_7$ 等

稀土锆酸盐发生了有序无序转变现象，转变成了带有缺陷的萤石结构。

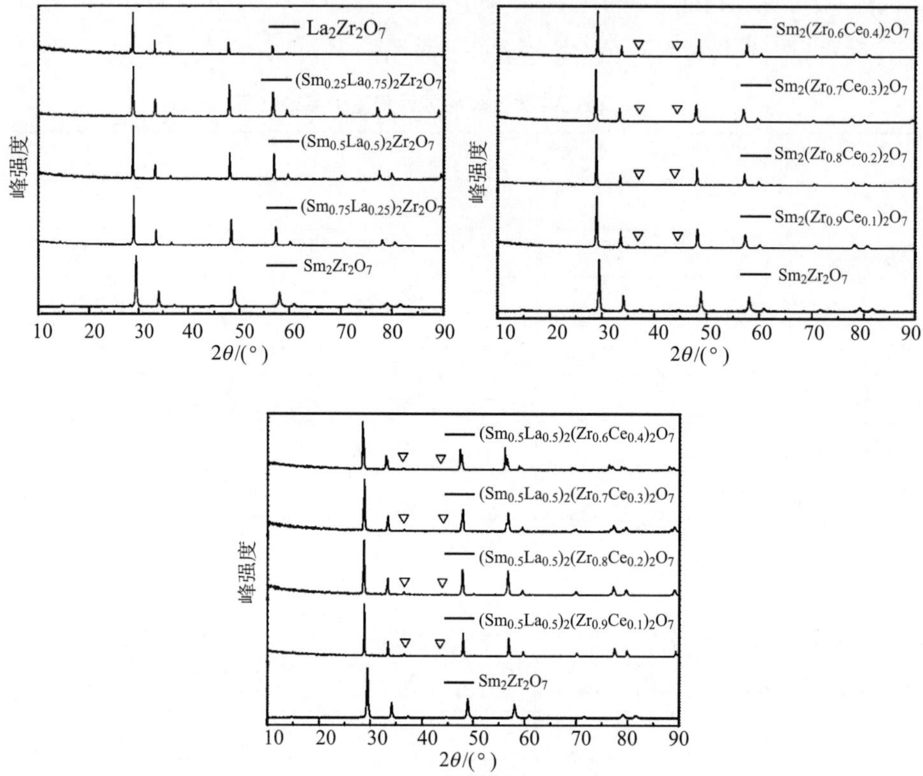

图 4.1　稀土锆酸盐材料的 XRD 图谱

通过上面的例子，发现在实际条件下影响材料相结构的因素非常多，特别是对元素组成复杂的材料而言，判断相结构时往往要综合多个因素。

## 4.1.2　稀土锆酸盐的微观组织

以通过无压烧结法制备的稀土锆酸盐块体为例，观察其微观组织。如图 4.2 所示，由于其组织结构比较相似，因此此处仅给出了部分陶瓷材料的微观组织照片。由图 4.2 可知，稀土锆酸盐晶粒为规则等轴晶，晶粒大小比较均匀，在 $1 \sim 5~\mu m$，而且从 $La_2Zr_2O_7$ 至 $(Sm_{0.5}La_{0.5})_2(Zr_{0.7}Ce_{0.3})_2O_7$，陶瓷材料的晶粒平均大小逐渐降低，这是因为随着掺杂元素量的增多，掺杂的 $La^{3+}$ 或 $Ce^{4+}$ 抑制了晶粒的长大，而且陶瓷材料的晶界十分干净，并无其他相存在，合成的产物均比较致密。各陶瓷材料的致密度见表 4.2，由于 $A_2Zr_2O_7$ 型稀土锆酸盐都是立方结构，这里可以根据 X 射线法计算晶格参数。晶格常数满足的关系式为[13]

$$a = d / \sqrt{h^2 + k^2 + l^2} \tag{4.1}$$

式中，$d$ 为晶面间距，Å；$h$、$k$、$l$ 为晶面指数。按照式（4.1）计算新型复杂稀土锆酸盐的晶格常数，并通过 Nelson-Riley 函数 $\cos^2\theta(1/\theta + 1/\sin\theta)$ 对其进行修正。同时结合材料的质量及单胞体积来确定其理论密度。

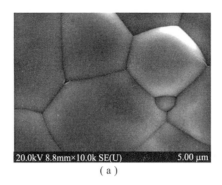

（a）

（b）　　　　　　　　　　　　　（c）

**图 4.2　稀土锆酸盐微观组织结构**

（a）$La_2Zr_2O_7$；（b）$Sm_2(Zr_{0.9}Ce_{0.1})_2O_7$；（c）$(Sm_{0.5}La_{0.5})_2(Zr_{0.7}Ce_{0.3})_2O_7$

**表 4.2　无压烧结稀土锆酸盐陶瓷块体密度**

| 材料成分 | 实际密度/$(g \cdot cm^{-3})$ | 理论密度/$(g \cdot cm^{-3})$ | 相对密度/% |
|---|---|---|---|
| $(Sm_{0.75}La_{0.25})_2Zr_2O_7$ | 5.866 8 | 6.512 4 | 90.39 |
| $(Sm_{0.5}La_{0.5})_2Zr_2O_7$ | 5.818 | 6.369 9 | 91.34 |
| $(Sm_{0.25}La_{0.75})_2Zr_2O_7$ | 5.865 7 | 6.230 4 | 94.15 |
| $La_2Zr_2O_7$ | 5.560 7 | 6.094 1 | 91.25 |
| $Sm_2(Zr_{0.9}Ce_{0.1})_2O_7$ | 6.275 7 | 6.657 3 | 94.27 |
| $Sm_2(Zr_{0.8}Ce_{0.2})_2O_7$ | 6.277 9 | 6.652 8 | 94.30 |
| $Sm_2(Zr_{0.7}Ce_{0.3})_2O_7$ | 6.364 4 | 6.648 6 | 95.73 |
| $Sm_2(Zr_{0.6}Ce_{0.4})_2O_7$ | 6.201 5 | 6.643 4 | 93.35 |
| $(Sm_{0.5}La_{0.5})_2(Zr_{0.9}Ce_{0.1})_2O_7$ | 5.846 9 | 6.360 0 | 92.40 |
| $(Sm_{0.5}La_{0.5})_2(Zr_{0.8}Ce_{0.2})_2O_7$ | 6.216 2 | 6.359 8 | 97.74 |
| $(Sm_{0.5}La_{0.5})_2(Zr_{0.7}Ce_{0.3})_2O_7$ | 6.105 7 | 6.358 7 | 96.02 |
| $(Sm_{0.5}La_{0.5})_2(Zr_{0.6}Ce_{0.4})_2O_7$ | 5.818 | 6.356 4 | 91.53 |

在合成的稀土锆酸盐中，含有 $La_2Zr_2O_7$ 的致密度较低，这是因为 $La_2O_3$ 粉末容易吸水形成氢氧化物或碳酸盐的原因[14]，在烧结过程中，氢氧化物或碳酸盐受热分解释放出气体，同时分解得到的氧化物粉末的表面活性高，大大促进稀土锆酸盐陶瓷材料的烧结和致密化，使释放出来的气体来不及逃逸而形成气孔，造成 $La_2Zr_2O_7$ 致密度下降。

## 4.2　稀土锆酸盐的热导率

稀土锆酸盐材料的测试热导率通过公式（4.2）和式（4.3）计算得到

$$k_0 = C_p \cdot \lambda \cdot \rho \qquad (4.2)$$
$$k/k_0 = 1 - 4/3\Phi \qquad (4.3)$$

式中，$k$ 为样品热导率；$k_0$ 为完全致密材料热导率；$C_p$ 为材料的定压热容；$\lambda$ 为材料热扩散系数；$\rho$ 为材料密度；$\Phi$ 为孔隙率。

第 2 章设计了多种新型稀土锆酸盐材料，本节对其导热性能进行分析，表4.3 给出了一些稀土锆酸盐及 YSZ 的平均热导率。复杂稀土锆酸盐材料的热导率明显低于 YSZ 材料，从 A 位掺杂与 B 位掺杂对稀土锆酸盐热导率的影响来看，B 位掺杂由于取代原子与基体原子间的原子量差别及离子半径差别较大，对热导率的降低更为明显，且 A、B 位共掺杂的热导率降低效果显著。

表 4.3　一些稀土锆酸盐与 YSZ 的平均热导率

| 材料成分 | $k/(W \cdot m^{-1} \cdot K^{-1})$ | 材料成分 | $k/(W \cdot m^{-1} \cdot K^{-1})$ | 材料成分 | $k/(W \cdot m^{-1} \cdot K^{-1})$ |
|---|---|---|---|---|---|
| YSZ | 2.12 | $Sm_2(Zr_{0.9}Ce_{0.1})_2O_7$ | 1.66 | $(Sm_{0.5}La_{0.5})_2(Zr_{0.9}Ce_{0.1})_2O_7$ | 0.91 |
| $(Sm_{0.75}La_{0.25})_2Zr_2O_7$ | 1.44 | $Sm_2(Zr_{0.8}Ce_{0.2})_2O_7$ | 1.64 | $(Sm_{0.5}La_{0.5})_2(Zr_{0.8}Ce_{0.2})_2O_7$ | 0.82 |
| $(Sm_{0.5}La_{0.5})_2Zr_2O_7$ | 1.45 | $Sm_2(Zr_{0.7}Ce_{0.3})_2O_7$ | 1.53 | $(Sm_{0.5}La_{0.5})_2(Zr_{0.7}Ce_{0.3})_2O_7$ | 0.98 |
| $(Sm_{0.25}La_{0.75})_2Zr_2O_7$ | 1.57 | $Sm_2(Zr_{0.6}Ce_{0.4})_2O_7$ | 1.62 | $(Sm_{0.5}La_{0.5})_2(Zr_{0.6}Ce_{0.4})_2O_7$ | 0.88 |

此外，以 $(Sm_{1-x}La_x)_2Zr_2O_7$ 系列稀土锆酸盐材料为例，利用式（4.2）及式（4.3）的热导率影响公式计算其理论热导率，并与通过激光脉冲法测试的热导率结果进行比较，如图 4.3 所示，整体来看，热导率计算值随 La、Sm 掺杂量的变化趋势与实验结果基本一致，当 Sm、La 的含量均为 0.5 时，其热导率最低，与原子掺杂理论吻合，表明设计准则的正确性。

部分复杂稀土锆酸盐陶瓷材料的热导率随温度的变化曲线如图 4.4 所示。从图中可以看出，几种复杂稀土锆酸盐材料的热导率在室温到 800 ℃温度范围内，基本上随温度的升高而下降，而稀土锆酸盐作为一种热障涂层候选材料，通常更为关注其高温下的隔热性能，在 400 ℃以上，复杂稀土锆酸盐的热导率约在 $1.1 \sim 1.3$ $W \cdot m^{-1} \cdot K^{-1}$，与相同条件下简单的 $Sm_2Zr_2O_7$ 陶瓷的热导率（$1.6$ $W \cdot m^{-1} \cdot K^{-1}$）[15] 相比降低了

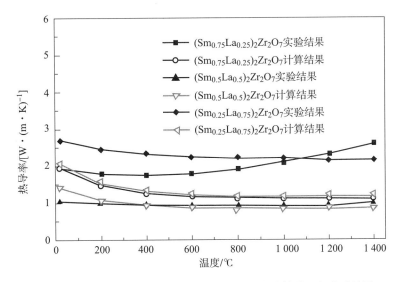

**图 4.3　$(Sm_{1-x}La_x)_2Zr_2O_7$ 陶瓷材料的热导率计算结果与实验结果**

$18\%\sim30\%$，比传统的 YSZ（$2.2\ W \cdot m^{-1} \cdot K^{-1}$）降低了 $40\%\sim50\%$。这种热导率的大幅降低是十分重要的，如果与厚度同样为 $0.3\ mm$ 的 YSZ 涂层相比，在其他条件不变的情况下，复杂稀土锆酸盐涂层的隔热能力有望提高 $50\sim70\ K$，将大幅度改善发动机部件的工作条件，提高涂层的可靠性，延长其使用寿命。这也证明了依据材料的综合设计原则设计得到的系列复杂稀土锆酸盐材料均具有更低的热导率，满足了设计的基本要求。

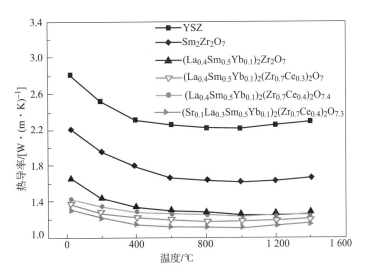

**图 4.4　部分复杂稀土锆酸盐陶瓷材料的**
**热导率随温度的变化曲线（书后附彩插）**

在图 4.4 中，4 种复杂稀土锆酸盐材料的热导率按照由高到低的顺序依次为：$(La_{0.4}Sm_{0.5}Yb_{0.1})_2Zr_2O_7$、$(La_{0.4}Sm_{0.5}Yb_{0.1})_2(Zr_{0.7}Ce_{0.4})_2O_{7.4}$、$(La_{0.4}Sm_{0.5}Yb_{0.1})_2$

$(Zr_{0.7}Ce_{0.3})_2O_7$、$(Sr_{0.1}La_{0.3}Sm_{0.5}Yb_{0.1})_2$ $(Zr_{0.7}Ce_{0.4})_2O_{7.3}$，除了旨在进一步提高热膨胀系数，在 B 位掺杂过量 Ce 元素的 $(La_{0.4}Sm_{0.5}Yb_{0.1})_2$ $(Zr_{0.7}Ce_{0.4})_2O_{7.4}$ 陶瓷热导率较 $(La_{0.4}Sm_{0.5}Yb_{0.1})_2$ $(Zr_{0.7}Ce_{0.3})_2O_7$ 有所升高外，几种复杂稀土锆酸盐陶瓷的热导率变化规律基本与设计原则相一致。

对于 $(La_{0.4}Sm_{0.5}Yb_{0.1})_2Zr_2O_7$ 材料而言，$La^{3+}$、$Yb^{3+}$ 离子取代了 $Sm_2Zr_2O_7$ 中的部分 $Sm^{3+}$，在晶格中形成置换缺陷，此时晶胞中声子的平均自由程可以表示为[16]

$$\frac{1}{l_P} = \frac{a^3}{4\pi v^4}\omega^4 c\left(\frac{\Delta M}{M}\right)^2 \tag{4.4}$$

$$\frac{1}{l_P} = \frac{2ca^3\omega^4}{\pi v^4}J^2\gamma^2\left(\frac{\Delta R}{R}\right)^2 \tag{4.5}$$

式中，$a^3$ 为原子体积；$v$ 为横波速度；$\omega$ 为声子频率；$c$ 为单位体积中点缺陷数目与点阵位置数目的比值；$M$ 为主原子的原子质量；$M + \Delta M$ 为置换原子的原子质量；$J$ 为常数；$\gamma$ 为 Grüneisen 常数；$R$ 为未掺杂时的离子间距；$\Delta R$ 为掺入其他原子后引起的离子间距的变化。可见，声子的平均自由程与掺入原子和主原子（Zr、Sm）质量差及离子间距变化的平方成反比。由于 La 和 Yb 的原子量（分别为 138.9 和 173）与离子半径（分别为 1.16 和 0.99）同 Sm 和 Zr 的原子量（分别为 150.4 和 91.2）与离子半径（分别为 1.08 和 0.72）差别较大，晶格中 $\Delta M$、$\Delta R$ 增大，声子的平均自由程减小，声子的散射作用增强，导致 $(La_{0.4}Sm_{0.5}Yb_{0.1})_2Zr_2O_7$ 材料的热导率降低。同时，由于 $(La_{0.4}Sm_{0.5}Yb_{0.1})_2Zr_2O_7$ 中存在 $La^{3+}$、$Yb^{3+}$、$Sm^{3+}$、$Zr^{4+}$ 等多种离子，相对于 YSZ 及 $Sm_2Zr_2O_7$ 来说，其晶体结构更复杂，增大了晶格振动的非谐性程度，使声子间的散射作用增强，这也是导致 $(La_{0.4}Sm_{0.5}Yb_{0.1})_2Zr_2O_7$ 材料热导率下降的原因。

同样地，在 $(La_{0.4}Sm_{0.5}Yb_{0.1})_2$ $(Zr_{0.7}Ce_{0.3})_2O_7$ 材料中，$Ce^{4+}$ 取代了 B 位中的部分 $Zr^{4+}$，Ce 的原子量（为 140.1）及离子半径（为 0.97）均远大于 Zr 的原子量和离子半径，进一步增大了原子质量差以及半径差，加剧了声子的散射，导致 $(La_{0.4}Sm_{0.5}Yb_{0.1})_2$ $(Zr_{0.7}Ce_{0.3})_2O_7$ 的热导率在 $(La_{0.4}Sm_{0.5}Yb_{0.1})_2Zr_2O_7$ 的基础上进一步地降低。

随着 Ce 元素的进一步引入，相对于 $(La_{0.4}Sm_{0.5}Yb_{0.1})_2$ $(Zr_{0.7}Ce_{0.3})_2O_7$ 而言，$(La_{0.4}Sm_{0.5}Yb_{0.1})_2$ $(Zr_{0.7}Ce_{0.4})_2O_{7.4}$ 晶格中 $\Delta M$、$\Delta R$ 进一步增大，但其热导率并未降低，反而出现明显升高，这是因为铈酸盐的热导率高于锆酸盐，过多的 Ce 元素使得因置换缺陷引起的热导率降低作用受到限制，相反 Ce 元素的高热导特性逐渐显露出来；同时，由相结构分析，$Ce^{4+}$ 的过量掺杂使 $(La_{0.4}Sm_{0.5}Yb_{0.1})_2$ $(Zr_{0.7}Ce_{0.4})_2O_{7.4}$ 陶瓷已由焦绿石结构完全转变为萤石结构，在有序焦绿石相结构中氧空位有序分布在 Zr 原子组成的四面体中，而在无序萤石相结构中氧空位是随机分布的，所以萤石结构中形成 $(Ln'_{Zr}V_{\ddot{O}}Ln'_{Zr})$ 离子空位对或离子空位簇的概率明显高于焦绿石相结构，相当于减少了晶格中的空位数量，从而削弱了声子的散射作用，因此，萤石结构的 $(La_{0.4}Sm_{0.5}Yb_{0.1})_2$ $(Zr_{0.7}Ce_{0.4})_2O_{7.4}$ 陶瓷的热导率比焦绿石结构的 $(La_{0.4}Sm_{0.5}Yb_{0.1})_2$ $(Zr_{0.7}Ce_{0.3})_2O_7$ 陶瓷热导率要高。但（$La_{0.4}Sm_{0.5}Yb_{0.1}$）$_2$（$Zr_{0.7}Ce_{0.4}$）$_2O_{7.4}$ 陶瓷的热导率仍低于（$La_{0.4}Sm_{0.5}Yb_{0.1}$）$_2Zr_2O_7$，具有良好的隔热性能。

（$Sr_{0.1}La_{0.3}Sm_{0.5}Yb_{0.1}$）$_2$（$Zr_{0.7}Ce_{0.4}$）$_2O_{7.3}$ 陶瓷同样具有单一的萤石结构，但在（$La_{0.4}Sm_{0.5}Yb_{0.1}$）$_2$（$Zr_{0.7}Ce_{0.4}$）$_2O_{7.4}$ 的基础上人为引入的差价阳离子 $Sr^{2+}$ 发生 A 位取代，替代了少量的三价稀土离子，根据电价平衡的原理，为保持化合物为中性，晶胞内必须产生相应的氧空位，这一化学反应过程可以表示为

$$Ln_{Ln}^x + MO \longrightarrow \frac{1}{2}Ln_2O_3 + M'_{Ln} + \frac{1}{2}V_{\ddot{O}} \tag{4.6}$$

式中，$M'_{Ln}$ 表示占据在 $Ln^{3+}$ 离子位置上的 $M^{2+}$ 离子（负一价），$V_{\ddot{O}}$ 表示一个二价（正的）氧空位。即每固溶 1 mol 的 $Sr^{2+}$，结构中就相应产生 1/2 mol 的氧空位，氧空位浓度的提高导致声子与缺陷间的散射概率增加，从而导致陶瓷热导率的进一步降低。另外，$Sr^{2+}$ 的引入增大了晶胞内的原子质量差和半径差（Sr 的原子量和离子半径分别为 87.6 和 1.26），也起到了降低热导率的作用。因此，掺杂 $Sr^{2+}$ 引起晶胞内化学组成和氧缺陷浓度变化的共同作用使（$Sr_{0.1}La_{0.3}Sm_{0.5}Yb_{0.1}$）$_2$（$Zr_{0.7}Ce_{0.4}$）$_2O_{7.3}$ 陶瓷的热导率降低幅度明显增大，甚至比焦绿石结构的（$La_{0.4}Sm_{0.5}Yb_{0.1}$）$_2Zr_2O_7$ 和（$La_{0.4}Sm_{0.5}Yb_{0.1}$）$_2$（$Zr_{0.7}Ce_{0.3}$）$_2O_7$ 陶瓷的热导率更低。

上述分析表明，系列复杂稀土锆酸盐的热导率变化规律与第 2 章中低热导率的设计思路相一致，即在简单稀土锆酸盐晶格中进行 A、B 位掺杂，掺杂原子引起的原子质量和半径差异导致点阵中的晶格畸变和弹性应变场的形成，这种效果越明显，声子的散射作用越强烈；差价阳离子可以大大提高材料中的空位浓度，使声子散射加剧，从而导致陶瓷热导率的降低。

同时，从图 4.3 中注意到，当温度高于 800 ℃时，几种材料的热导率随温度的升高反而不断增大，出现回升现象，这可能是高温下辐射传热作用的结果，此时光子传热在材料热传递过程中占主导。高温下热导率的上升将影响到涂层的原有隔热能力，关于光子导热部分，将在本书后续章节详细讨论。

## 4.3　稀土锆酸盐的热膨胀性能

稀土锆酸盐材料作为一种热障涂层的候选材料，需要有较高的热膨胀系数，使其与高温合金基体及黏结层有较好的热匹配性。稀土锆酸盐的热膨胀系数与其成分关系密切，即使少量的成分变化，也会对其产生影响。以 $Sm_2Zr_2O_7$ 为例，当 Sm/Zr 比例变化时，其热膨胀系数变化如图 4.5 所示。

这种变化是因为 Sm/Zr 比例变化导致的缺陷引起的，根据缺陷化学反应，当 $BO_2$ 过量，即 Sm/Zr < 1.0 时[17]，有

$$7ZrO_2 \xrightarrow{2Sm_2Zr_2O_7} 4Zr_{Sm}^{\cdot} + V'''_{Zr} + 3Zr_{Zr} + 14O_{\ddot{O}} \tag{4.7}$$

当 $AO_{1.5}$ 过量时，即 Sm/Zr > 1.0 时，有

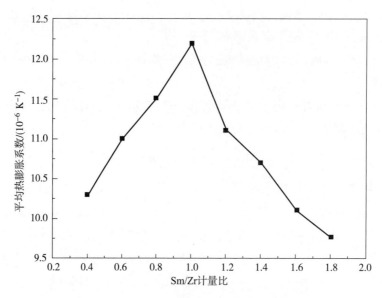

图 4.5    $SmO_{1.5} - ZrO_2$ 体系固溶体的平均热膨胀系数
随 Sm/Zr 计量比的变化曲线

$$4SmO_{1.5} \xrightarrow{\quad Sm_2Zr_2O_7 \quad} 2Sm_{Sm} + 2Sm'_{Zr} + V_{\ddot{O}} + 6O_{\ddot{O}} \tag{4.8}$$

热膨胀系数与晶格能和原子间距的大小有关，同时热膨胀系数会随着空位浓度的增大而增大，原子间距和空位浓度也会引起晶格能的变化，因此在化学计量比成分点左右两侧热膨胀系数的变化是这三种因素共同作用的结果，而其中主要影响因素又有所不同。当 Sm/Zr < 1.0 时，随着 $Zr^{4+}$ 离子含量的增多，根据公式（3.4）缺陷方程式，由于过量的 $Zr^{4+}$ 离子替代了 $Sm^{3+}$ 离子，为平衡电荷，会相应地产生氧间隙，这些氧间隙可能占据原本结构中氧空位的位置，使得晶体结构中的空位浓度降低，成为影响 Sm/Zr < 1.0 各固溶体热膨胀系数变化的主要因素，造成热膨胀系数的降低。当 Sm/Zr > 1.0 时，虽然根据公式（3.5），$Sm^{3+}$ 离子的过量使得晶体内空位浓度升高，但由于晶格常数随 $Sm^{3+}$ 离子的过量而增大，原子间距增大，而且因为在 $A_2B_2O_7$ 中 B—O 的改变，晶格的热膨胀性能变化更显著，过量的 $Sm^{3+}$ 离子替代了 $Zr^{4+}$ 离子，因此原子间距的增大是 Sm/Zr > 1.0 时固溶体热膨胀系数降低的原因。

而对于复杂稀土锆酸盐陶瓷材料，利用顶杆式间接法进行热膨胀系数测试，结果如图 4.6 所示。复杂稀土锆酸盐陶瓷的热膨胀系数均随温度的升高而逐渐增加，在热障涂层材料关注的温度范围内（高于 800 ℃），其热膨胀系数在 $10.3 \times 10^{-6}$ $K^{-1}$~$11.5 \times 10^{-6}$ $K^{-1}$ 之间，与目前使用的 7YSZ 的热膨胀系数相当。与同温度下单一稀土锆酸盐 $Sm_2Zr_2O_7$ 陶瓷的热膨胀系数（$9.8 \times 10^{-6}$ $K^{-1}$~$10.6 \times 10^{-6}$ $K^{-1}$）相比，有明显提高。热障涂层用陶瓷材料热膨胀系数的提高将有效缓解陶瓷层与黏结层材料间的热失配问题，减小界面处的热应力，提高涂层的可靠性，延长其使用寿命。依据材料的综合设计原则设计得到的系列复杂稀土锆酸盐材料均具有更高的热膨胀系数，实现了低热导率高热膨胀系数材料的设计目标。

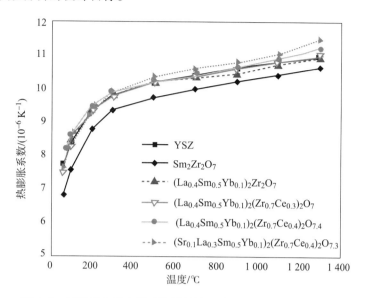

**图 4.6　系列复杂稀土锆酸盐材料的热膨胀系数（书后附彩插）**

如图 4.6 所示，各复杂稀土锆酸盐的热膨胀系数由低到高依次为 $(La_{0.4}Sm_{0.5}Yb_{0.1})_2Zr_2O_7$、$(La_{0.4}Sm_{0.5}Yb_{0.1})_2(Zr_{0.7}Ce_{0.3})_2O_7$、$(La_{0.4}Sm_{0.5}Yb_{0.1})_2(Zr_{0.7}Ce_{0.4})_2O_{7.4}$、$(Sr_{0.1}La_{0.3}Sm_{0.5}Yb_{0.1})_2(Zr_{0.7}Ce_{0.4})_2O_{7.3}$，即随着掺杂的不断进行，材料的热膨胀系数逐渐增大，该结果与第 1 章所述设计原则完全吻合。

在 $(La_{0.4}Sm_{0.5}Yb_{0.1})_2Zr_2O_7$ 固溶体中，$La^{3+}$、$Yb^{3+}$ 离子取代了 $Sm_2Zr_2O_7$ 晶格中的部分 $Sm^{3+}$，陶瓷材料的热膨胀系数与组成原子的离子半径密切相关，对于单纯 A 位掺杂的 $(La_{0.4}Sm_{0.5}Yb_{0.1})_2Zr_2O_7$ 陶瓷而言，其热膨胀系数与稀土阳离子的有效离子半径相关。稀土阳离子的有效离子半径列于表 4.4 中，可见 $Yb^{3+}$ 的离子半径明显小于主离子 $Sm^{3+}$ 的离子半径，较小半径 $Yb^{3+}$ 的存在，使其与氧离子的离子间距增大，削弱了 Ln—O 离子键的强度，导致晶格膨胀。而 $La^{3+}$ 的离子半径大于 $Sm^{3+}$ 的离子半径，这在一定程度上会限制晶格膨胀，但 A—O 键对 $Ln_2Zr_2O_7$ 的热膨胀性质的影响并不大，同时由于 $(La_{0.4}Sm_{0.5}Yb_{0.1})_2Zr_2O_7$ 中存在 $La^{3+}$、$Yb^{3+}$、$Sm^{3+}$、$Zr^{4+}$ 等多种离子，其晶体结构比单一稀土锆酸盐 $Sm_2Zr_2O_7$ 陶瓷更为复杂，加剧了晶格的非谐振动，受热时晶格更易膨胀。因此，$(La_{0.4}Sm_{0.5}Yb_{0.1})_2Zr_2O_7$ 的热膨胀系数明显高于 $Sm_2Zr_2O_7$ 陶瓷。

**表 4.4　稀土阳离子的有效离子半径[18]**

| 离子 | $La^{3+}$ | $Nd^{3+}$ | $Sm^{3+}$ | $Gd^{3+}$ | $Dy^{3+}$ | $Er^{3+}$ | $Yb^{3+}$ |
|---|---|---|---|---|---|---|---|
| 有效半径/Å | 1.160 | 1.109 | 1.079 | 1.053 | 1.027 | 1.004 | 0.985 |

在 $(La_{0.4}Sm_{0.5}Yb_{0.1})_2Zr_2O_7$ 晶格中进行 B 位 $Ce^{4+}$ 掺杂，$(La_{0.4}Sm_{0.5}Yb_{0.1})_2$ $(Zr_{0.7}$

$Ce_{0.3})_2O_7$ 中大半径 Ce 元素的引入增大了其与晶胞中正二价氧空位之间的排斥力，离子键强度减弱，导致点阵中含有氧空位的 B 位四面体膨胀，从而使 $(La_{0.4}Sm_{0.5}Yb_{0.1})_2$ $(Zr_{0.7}Ce_{0.3})_2O_7$ 材料具有较高的热膨胀系数。随着 Ce 元素掺杂含量的增加，$B - V_O''$ 间的排斥力进一步增大，导致含有过量 Ce 元素的 $(La_{0.4}Sm_{0.5}Yb_{0.1})_2$ $(Zr_{0.7}Ce_{0.4})_2O_{7.4}$ 陶瓷的热膨胀系数比 $(La_{0.4}Sm_{0.5}Yb_{0.1})_2$ $(Zr_{0.7}Ce_{0.3})_2O_7$ 陶瓷的热膨胀系数要高。

在 $(La_{0.4}Sm_{0.5}Yb_{0.1})_2$ $(Zr_{0.7}Ce_{0.4})_2O_{7.4}$ 的基础上引入二价 $Sr^{2+}$，$(Sr_{0.1}La_{0.3}Sm_{0.5}Yb_{0.1})_2$ $(Zr_{0.7}Ce_{0.4})_2O_{7.3}$ 陶瓷的热膨胀系数得到了明显的提高。其中，除了通过离子半径减弱离子间化学键外，掺杂低价态的阳离子增大了晶胞中的空位浓度，空位的存在减弱了其附近的离子键，使材料的热膨胀系数增大。由于 $Sr^{2+}$ 的加入量较小，A—O 键对 $Ln_2Zr_2O_7$ 的热膨胀性质的影响很有限，故空位的增多是 $(Sr_{0.1}La_{0.3}Sm_{0.5}Yb_{0.1})_2$ $(Zr_{0.7}Ce_{0.4})_2O_{7.3}$ 陶瓷热膨胀系数增大的主要原因。

复杂稀土锆酸盐的热膨胀系数变化规律与第 2 章中高热膨胀系数的设计思路相一致，即晶胞中离子间距的增大或空位浓度的提高，有利于减弱离子间的化学键，提高材料的热膨胀系数。利用该结果，可以通过调控材料的微观结构对热障涂层陶瓷层材料进行设计来改善陶瓷材料的热膨胀系数，减小由于陶瓷层材料与黏结层材料热膨胀系数差异而引起的残余应力。

对于热障涂层陶瓷层材料而言，依据低热导率高热膨胀系数材料的综合设计原则通过调控材料的微观结构改善了陶瓷材料的热物理性能。追求低热导率和高热膨胀系数的道路依旧漫长，未来还会有更多热物理性能优异的热障涂层材料出现。

# 本 章 小 结

本章着重介绍了稀土锆酸盐材料的显微组织及性能。分析了不同稀土锆酸盐材料的物相及显微组织变化规律，并进一步分析了其物相、显微组织等对其隔热性能、热膨胀系数等热物理性能的影响状况，为稀土锆酸盐热物理性能的优化及调整提供了理论依据。

# 参 考 文 献

［1］张慧玲. 焦绿石相稀土锆酸盐的相结构、高温相稳定性及形成机理研究 ［D］. 北京：北京理工大学，2007.

［2］SUBRAMANIAN M A, ARAVAMUDAN G, SUBBA RAO G V. Oxide pyrochlores—a review ［J］. Progress in solid state chemistry，1983，15（2）：55 – 143.

［3］刘占国. $A_2Zr_2O_7$ 型稀土锆酸盐材料的组织结构与物理性能研究 ［D］. 哈尔滨：哈尔滨工业大学，2009.

［4］WITHERS R L, THOMPSON J G, BARLOW P J. An electron, and X-ray powder, diffraction study of cubic, fluorite-ralated phases in various $ZrO_2$-$Ln_2O_3$ systems [J]. Journal of solid state chemistry, 1991, 94 (1): 89 – 105.

[5] WITHERS R L, THOMPSON J G, BARRY J C, et al. A TEM study of superstructure ordering on either side of diphasic regions in some anion-deficent, fluorite-ralated systems [J]. Journal of computer-assisted microscopy, 1992, 4 (4): 315 – 317.

[6] THOMSON J B, ARMSTRONG A B, BRUCE P G, et al. A new class of pyrochlore solid solution formed by chemical intercalation of oxygen [J]. Journal of the American Chemical Society, 1996, 118: 11129 – 11133.

[7] SUDA A, UKYO Y, SOBUKAWA H, et al. Improvement of oxygen storage capacity of $CeO_2$-$ZrO_2$ solid solution by heat treatment in reducing atmosphere [J]. Journal of the Ceramic Society of Japan, 2002, 2 (110): 126 – 130.

[8] VANDENBORRE N T, HUSSON E, BRUSSET H, et al. Normal coordinate analysis of $A2\,\text{III}\,B2\,\text{IV}\,O7$ compounds (A – La, Nd; B = Zr, Hf) with pyrochlore structure [J]. Spectrochimica acta Part A: molecular spectroscopy, 1981, 37 (2): 113 – 118.

[9] MCCAULEY R A. Infrared-absorption characteristics of the pyrochlore structure [J]. Journal of the Optical Society of America, 1973, 63 (6): 721 – 725.

[10] LIAN J, WANG L M, HAIRE R G, et al. Ion beam irradiation in $La_2Zr_2O_7$-$Ce_2Zr_2O_7$ pyrochlore [J]. Nuclear instruments and methods in physics research B, 2004, 218: 236 – 243.

[11] GONG W L, LUTZE W, EWING R C. Zirconia ceramics for excess weapons plutonium waste [J]. Journal of nuclear materials, 2000, 277: 239 – 249.

[12] OMATA T, KISHIMOTO H, OTSUKA-YAO-MATSUO S, et al. Virbrational spectroscopic and X-ray diffraction studies of cerium zirconium oxides with Ce/Zr composition ratio = 1 prepared by reduction and successive oxidation of t'-$(Ce_{0.5}Zr_{0.5})O_2$ phase [J]. Journal of solid state chemistry, 1999, 147: 573 – 583.

[13] NELSON J B, RILEY D P. An experimental investigation of extrapolation methods in the derivation of accurate unit-cell dimensions of crystals [J]. Proceedings of the physical society, 1945, 57: 160 – 177.

[14] TABIRA Y, WITHERS R, THOMPSON J, et al. Structured diffuse scattering as an indicator of inherent cristobalite-like displacive flexibility in the rare earth zirconate pyrochlore $La_\delta Zr_1$-$\delta O_2$-$\delta/2$, $0.49 < \delta < 0.51$ [J]. Journal of solid state chemistry, 1999, 142: 393 – 399.

[15] SURESH G, SEENIVASAN G, KRISHNAIAH M V, et al. Investigation of the thermal conductivity of selected compounds of gadolinium and lanthanum [J]. Journal of nuclear materials, 1997, 249: 259 – 261.

[16] KLEMENS P G. Phonon scattering by oxygen vacancies in ceramics [J]. Physica B:

Condensed matter, 1999, 263 – 264: 102 – 104.

[17] KRAFTMAKHER Y. Equilibrium vacancies and thermophysical properties of metals [J]. Physics reports, 1998, 299 (2 – 3): 79 – 188.

[18] ROHRER G S. Structure and bonding in crystalline materials [M]. Cambridge: Cambridge University Press, 2001.

# 第5章

# 稀土锆酸盐的光子导热性能

在第4章中，发现稀土锆酸盐材料在高温下的热导率会上升，这是由光子导热引起的。光子导热指的是光子作为传热介质传递热量的过程。除了稀土锆酸盐外，目前广泛使用的热障涂层材料 YSZ 在高温下也会发生热导率升高的现象，将降低涂层在高温下的隔热性能。因此，降低材料的光子导热能力是目前亟待解决的问题之一[1]。本章中，将介绍降低稀土锆酸盐光子导热的方法，并给出典型案例分析，探究不同因素对其光子热导率的影响。

## 5.1　低光子热导率陶瓷材料的设计

光子导热的本质是因固体中分子、原子和电子的振动、转动等运动状态的改变，辐射出频率较高的电磁波在介质中传播的导热过程。这种导热现象在透明材料中最为显著，此时光子有较高的平均自由程，材料的光子的阻碍作用较小，对于完全不透明的材料，光子的平均自由程几乎为零，材料中的光子导热作用可以忽略。

大多数陶瓷材料在高温下呈现半透明状态，有利于光子的热传递，导致材料高温下热导率升高。为减弱热障涂层陶瓷材料中的光子导热作用，由其导热机制可知，降低光子的平均自由程是主要途径。与声子导热理论类似，光子平均自由程的大小也与材料的微观结构密切相关。但是，在微观粒子运动状态变化辐射的电磁波中，具有较强热效应的是波长在 $0.4 \sim 40\ \mu m$ 的可见光与部分近红外光[2]，热辐射即是指这部分电磁波的传递过程。可见，这样的波长远远超过了晶胞中缺陷的尺寸，因此可以把热辐射传导看作是电磁波在连续介质中的传播。这样，在低温区对声子导热起主要作用的间隙原子、空位以及晶格畸变，在高温下影响甚微，不再是降低光子热导率的主要因素。

由于引起热效应的电磁波都在光频范围内，可将它的传播过程近似成光在介质中传播的现象，也就是说，光子传热与材料的作用方式同样主要包括反射、散射、吸收以及透射，其示意图如图 5.1 所示。其中反射作用取决于涂层表面的粗糙程度和材料的颜色，其调节范围有限，因此，当材料的反射率一定时，光子平均自由程的大小取决于材料对光子的吸收和散射作用，而吸收光子会导致材料温度的升高，这也是我们不想见到的，在这种情况下，可以将目光转向光子与材料之间的散射作用。

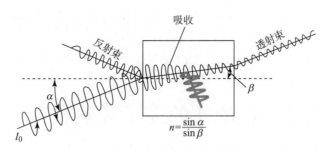

**图5.1　光子传热与材料的相互作用**

### 5.1.1　考虑散射作用的设计思路

如前文所述，材料中使声子散射加剧的点缺陷对光子导热几乎无影响，而光子在材料中的热传递与光在介质中的传播过程相似，那么在光子传递过程中，散射是否对其产生阻碍作用呢？

从图5.1中可以发现，光子的散射与声子散射类似，都是因载流子的传播方向发生变化而导致原方向上能量强度降低，而光子传播方向的转变程度取决于材料本身的折射率，也就是说，材料的折射率越大，光子传播方向的偏转程度越大，则光子的散射作用越强，光子热导率越低。但光子在均匀材料中传播只能沿其折射率确定的方向前进，这是因为材料中偶极子发出的次波具有与入射光子相同的频率，并且由于偶极子之间存在一定的相位关系，次波与折射光子具有相同的传播方向，彼此间不会相互碰撞而产生散射。同时，材料本身的折射率其可调范围毕竟十分有限，因此，通过改变材料本征折射率来调节光子热导率的效果并不大。

为了增大光子的偏折程度，显著增强光子的散射效果，可以在材料中引入双折射现象，即使材料内部出现两个折射率。当光子在材料中传播时，首先在折射率变化的界面处发生折射，而光子性能不同的晶界相产生的次级波与主波方向不一致，并合成产生干涉现象，使光子偏离原来的折射方向，再次发生折射，进而引起光子散射的增强。实现这一目的的途径是在材料中添加第二相粒子。根据散射定律和能量守恒定律可以推出，当光子垂直或接近垂直入射到基体和第二相材料界面时，这种不均匀材料中的散射系数可以表示为[3]

$$R = \left( \frac{n_{21} - 1}{n_{21} + 1} \right)^2 \tag{5.1}$$

式中，$R$ 为散射系数；相对折射率 $n_{21} = n_1/n_2$，$n_1$、$n_2$ 分别为基体材料和第二相材料的折射率。由式（5.1）可知，两种材料的折射率相差越大，则散射系数越大。可见，在陶瓷体系中最大的散射效应和相对折射率有关，其光子的散射作用随着第二相粒子和介质之间折射率差的增加而增大。因此，在材料中加入与其折射率差别较大的第二相粒子，加剧了光子散射，使光子的平均自由程减小，从而导致材料的光子热导率下降。

而热障涂层材料在实际应用过程中，其热导率是由两部分组成的，即声子热导率和光子热导率，所以，基于光子导热进行的材料体系设计，在降低光子热导率的同时需要兼顾到对声子热导率的影响，尽量保证材料的低声子导热性能。在材料中引入第二相粒子，不仅会引起光子散射，也会因异质界面的增多，增加缺陷的数量，使声子散射增强，在降低光子热导率的同时有助于声子热导率的下降。因此，在具有低声子导热性能的陶瓷基体中添加异质第二相是降低材料热导率的重要方法，但具体材料的选择及其分布状态需要进行详细的研究。

## 5.1.2　散射式抑辐射涂层的隔热机理

在均质材料中加入第二相，热传导的散射机制将发生改变，不同于均质材料的散射方式，基体和第二相材料间的折射率差异引起的折射现象，以及界面的存在均会造成载流子（声子或光子）散射，导致热导率降低。

根据低光子热导率材料的设计原则，材料中折射率的差异是增大光子散射、降低光子热导率的主要因素。除此之外，第二相材料的声子热导率也是同样关键的性能指标，于复合材料而言，当第二相粒子均匀分布在基体材料中时，其热导率与各单相材料热导率之间的关系可以表示为[4]

$$\kappa = \kappa_m \frac{1 + 2x - 2V_p(x-1)}{1 + 2x + V_p(x-1)} \tag{5.2}$$

式中，$\kappa$ 为复合材料的热导率；$V_p$ 为第二相的体积分数；$x = \kappa_m/\kappa_p$，$\kappa_m$、$\kappa_p$ 分别为基体材料和第二相的热导率。可见，基体材料一定时，第二相材料的热导率越大，则复合材料的热导率也越高。所以，添加相材料具有尽量低的热导率，特别是高温下的低热导特性，是降低复合材料（光子）热导率、保证热障涂层材料隔热能力的基础。

第二相界面的数量是影响载流子散射的重要因素，其散射效果与第二相粒子尺寸和体积含量有直接关系，根据 4.1 节所述，只有当材料内部缺陷（或第二相）的尺寸 $R$ 增大到一定程度时，才能够阻碍光子的热传递作用。大量的研究结果指出当 $k_0 > 1/R$（其中，波数 $k_0 = 2\pi\omega c^{-1} = 2\pi/\lambda$），即 $\lambda < R$ 时，缺陷能够对光子传热起到抑制作用，而当 $\lambda > R$ 时，缺陷的散射作用随电磁波频率的下降而急剧下降，由于波长 $\lambda$ 与频率 $\omega$ 成反比，则缺陷的散射作用随波长的增大而急剧下降。也就是说，只有当缺陷（或第二相）尺寸大于或者等于光子波长时，才能使热导率中的光子导热部分发生本质性的转变[5]。由于在热障涂层的实际服役环境下，高温燃气所辐射的光子波长主要集中在 $1 \sim 7~\mu m$ 的范围内，所以添加的第二相粒径必须大于 $7~\mu m$ 才能有效阻碍光子的热传递。

鉴于第二相的体积含量对光子导热的阻碍作用难以通过经验直接评判，需通过建立光子导热模型，利用基体与第二相间折射率的差异，研究第二相对光子平均自由程的散射效应，并结合第二相粒径、含量和本征参量对材料光子平均自由程的影响，从而推出复合材料的有效光子热导率。

考虑到电磁波在介质中传播的影响因素较复杂，基于上述对材料光子热导率影响因素的分析，晶体内部缺陷对光子的散射作用以及稀土锆酸盐对辐射的吸收作用很低，在建立稀土锆酸盐复合材料的光子导热模型方面可做适当简化，通过激光热导仪对材料光子热导率的计算结果并无很大影响。在此前提下，提出以下假设条件：①由于实际测试样品厚度薄、长径比值很小，在垂直激光入射方向的热传导有限，仅考虑一维方向上的热传递，即热量在样品内部为一维传导；②在热导率的测试过程中，为防止激光泄漏，样品表面均进行喷碳处理，可以认为样品表面无热损失；③第二相在基体中独立存在且分布均匀，样品为各向同性；④样品具有发射及散射特性，假定材料对辐射的吸收作用极小，不再考虑其吸收特性，复合材料的折射率及散射系数在考察温度范围内变化极小，可以假设与波长无关。

由光子导热的本质可知，热导率中的光子导热部分就是光子在介质中的能量传递，材料的光子热导率可以表示为[6]

$$\kappa_r = \frac{c}{3\sqrt{\varepsilon}} \int_0^\infty C_V(\omega) l(\omega) \, \mathrm{d}\omega \tag{5.3}$$

式中，$\kappa_r$ 为材料的光子热导率；$c$；$\omega$，$l(\omega)$ 分别为光子速度、频率和光子平均自由程；$\varepsilon$ 为介电常数。对于陶瓷等无机材料而言，$n \approx \sqrt{\varepsilon}$，这表明材料的折射率可以通过介电常数进行表征，频率为 $\omega$ 时的光子热容可以表示为

$$C_V(\omega) \, \mathrm{d}\omega = \frac{\hbar}{\pi^2 c^3} \frac{\partial}{\partial T} \left( \frac{\omega^3}{e^{\hbar\omega/k_B T} - 1} \right) \mathrm{d}\omega \tag{5.4}$$

式中，$\hbar$ 为普朗克常数；$k_B$ 为波尔兹曼常数。

在完整的单晶体中，由于 $\hbar\omega$ 约等于 $k_B T$，从而传热学中光子平均自由程可表示为

$$l(\omega) = \frac{c}{\sqrt{2\pi\omega\sigma}} \approx \frac{c}{\sqrt{2\pi N_e e^2/m^*}} \tag{5.5}$$

式中，$\sigma = N_e e^2 \tau/m^*$，为电导率；$e$ 和 $m^*$ 分别为单位电荷及电子的有效质量；$\tau$ 为电子弛豫时间。在高温下可以认为 $\tau = \hbar/(k_B T)$，所以有

$$\sigma = \frac{N_e e^2 \hbar}{m^* k_B T} \tag{5.6}$$

式中，$N_e$ 为电子密度。对于单相陶瓷材料而言，其晶体内部存在一定的本征缺陷（缺陷的能级靠近价带顶部），式（5.6）中 $N_e$ 相当于 $N_i e^{-E_i/k_B T}$，$m^*$ 为孔的有效质量，$N_i$ 为缺陷密度，$E_i$ 为缺陷的第一级价带能量。

热传递的光子导热部分可能来自杂质或材料表面的导带或价带电子，这些电子通常位于能量小于 0.1 eV 的能级，其相应的能级密度可近似表示为

$$N_i \approx 24p/(\pi a^2 D) \tag{5.7}$$

式中，$p$ 为样品的孔隙率；$a$ 为晶格常数；$D$ 为气孔尺寸。令 $x = \hbar\omega/k_B T$，则有

$$\kappa_r = \frac{k_B^4 T^3}{3\pi^2 c\hbar^3 \sqrt{48\varepsilon e^2 pe^{-E_i/k_B T}/a^2 Dm^*}} \int_0^\infty \frac{x^4 e^x \mathrm{d}x}{\sqrt{x}(e^x - 1)^2} \tag{5.8}$$

将材料本征参数代入方程，以单相 $Sm_2Zr_2O_7$ 陶瓷为例，其光子热导率的计算方程为

$$\kappa_r = \frac{k_B^4 T^3}{3\pi^2 c \hbar^3 \sqrt{2 \cdot 6.8 \cdot 10^{18} e^{-\chi E_i/k_B T} \pi \varepsilon e^2 p/D m^*}} \int_0^\infty \frac{x^4 e^x \, dx}{\sqrt{x} (e^x - 1)^2} \qquad (5.9)$$

在上述单相 $Sm_2Zr_2O_7$ 陶瓷光子模型的基础上，通过考虑第二相的尺寸、添加量及其对光子平均自由程散射的影响，即可建立 $Sm_2Zr_2O_7$ 基复合材料的光子导热模型。对于含有第二相的陶瓷材料而言，介质中的结构缺陷决定了材料的介电常数，同时也是引起电磁波衰减的主要因素，为考察电磁波在复合材料中的传播，采用 Maxwell 方程求解介电常数，有

$$\varepsilon(r) = \varepsilon + \xi(r) \qquad (5.10)$$

其中，

$$\varepsilon = (1 - p)\varepsilon_1 + p\varepsilon_2 \qquad (5.11)$$

$\varepsilon$ 为平均介电常数，与 $r$ 无关；函数 $\xi(r)$ 为误差限，$\langle \xi \rangle = 0$，尖括号表示对任意值 $\xi$ 求平均；$\varepsilon_1$ 和 $\varepsilon_2$ 分别为基体材料和第二相的介电常数；$p$ 为第二相浓度。用 $E$ 和 $H$ 分别表示电磁波的电场和磁场，可以写成[7]

$$E = \hat{E} + e \qquad (5.12)$$

$$H = \hat{H} + h \qquad (5.13)$$

式中，$\hat{E}$ 和 $\hat{H}$ 为平均电场和磁场；$e$ 和 $h$ 为波动电场和磁场，$\langle e \rangle = \langle h \rangle = 0$。

假设场中各成分相互独立，$\langle e_i e_j^* \rangle \propto \delta_{ij}$，则有

$$\langle e \times h^* \rangle \propto \langle e \times (\nabla \times e^*) \rangle = 0 \qquad (5.14)$$

因此，平均坡印亭矢量可以表示为

$$\langle S \rangle = \frac{1}{8\pi} \langle \hat{E}(r) \times \hat{H}^*(r) \rangle + c.c \qquad (5.15)$$

这表明，只有平均电场 $\hat{E}$ 和平均磁场 $\hat{H}$ 决定了能量的传递。为了确定材料的有效介电常数 $\tilde{\varepsilon}$ 和平均场中电磁波的衰减量 $\gamma$，利用 Maxwell 方程求解电磁场及其平均场的任意值，平均成分和波动成分可以用下述方程表示：

$$\nabla \times \hat{E} = ik_0 \nabla \times \hat{H}, \qquad (5.16)$$

$$\nabla \times (\nabla \times \hat{E}) = k_0^2 \varepsilon \hat{E} + k_0^2 \langle \xi(r) e(r) \rangle \qquad (5.17)$$

$$\Delta e + k_o^2 \varepsilon e = \frac{1}{\varepsilon} \text{grad div}(\xi \hat{E}) + k_0^2 \xi \hat{E} \qquad (5.18)$$

这里有 $k_0 = 2\pi n\omega/c$，其中，$k_0$ 为波数，$\omega$ 为频率，$c$ 为真空中的光速。方程的解为

$$e(r) = \int G(r - r') \{ \varepsilon^{-1} \text{grad div}[\xi(r')\hat{E}(r')] + k_0^2 \xi(r')\hat{E}(r') \} dr' \qquad (5.19)$$

其中，格林函数 $G(r - r')$ 满足如下方程[8]：

$$\Delta G + k_0^2 \varepsilon G = 4\pi\delta(r - r') \qquad (5.20)$$

式中，$\delta(r - r')$ 为狄拉克函数，表示单位点源的分布。因此，对于平均电场成分可以写成[9]

$$\Delta \hat{E} + k_0^2 \varepsilon \hat{E} + k_0^2 \prod = -\frac{1}{\varepsilon} \mathrm{grad\ div} \prod \tag{5.21}$$

其中，有

$$\prod (r) = \langle \xi(r) \rangle e(r)$$

$$= \int G(r - r') \langle \xi(r) \times \{ \varepsilon^{-1} \mathrm{grad\ div}[\xi(r')\hat{E}(r')] + k_0^2 \xi(r')\hat{E}(r') \} \rangle \mathrm{d}r' \tag{5.22}$$

或者，

$$\prod (r) = \int G(r - r') \{ \varepsilon^{-1} \mathrm{grad\ div}[W(r - r')\hat{E}(r')] + k_0^2 W(r - r')\hat{E}(r') \} \mathrm{d}r' \tag{5.23}$$

此时，该方程满足该条件：

$$\mathrm{grad\ div}\hat{E} = -\mathrm{grad\ div} \prod / \varepsilon \tag{5.24}$$

同时，该方程中又引入了 $W(r - r')$ 的相关方程，即

$$W(r - r') = \langle \xi(r)\xi(r') \rangle \tag{5.25}$$

因此，该方程是关于 $\hat{E}$ 的积分方程。为求解该方程，假设

$$\hat{E} = \{\hat{E}_x, 00\} e^{ip_z z} \tag{5.26}$$

则可以写成这样的形式：

$$\prod (r) = \prod_x (r) = \hat{E}_x e^{ip_z z} \int \left[ k_0^2 - \frac{(k_z - p_z)^2}{\varepsilon} \right] G(k) \widetilde{W}(p - k) \frac{\mathrm{d}^3 k}{(2\pi)^3} \tag{5.27}$$

其中，相关方程的傅里叶变换及格林方程的傅里叶变换分别由式（5.28）和式（5.29）表示[9]：

$$\widetilde{W}(k) = \int W(\rho) e^{-ik\rho} \mathrm{d}^3 \rho \tag{5.28}$$

$$G(k) = (k^2 - \varepsilon k_0^2 - i\delta)^{-1} \tag{5.29}$$

可以看出，$\prod$ 的实部是对有效介电常数的修正，而其虚部导致了平面波 $\hat{E}\exp(ipr)$ 的衰减。若假设

$$W(\rho) = \vartheta^2 \exp(-\rho/R) \tag{5.30}$$

式中，$R$ 为相关长度，约等于晶粒尺寸 $d$；$\vartheta$ 为介电常数的平方差，且

$$\vartheta^2 = \langle \xi \rangle^2 = p(1 - p)(\varepsilon_1 - \varepsilon_2)^2 \tag{5.31}$$

则有

$$W(k) = \int W(\rho) e^{-ik\rho} \mathrm{d}^3 \rho$$

$$= \frac{8\pi\vartheta^2 R^3}{(1 + k^2 R^2)^2} \tag{5.32}$$

对于含有有效粒径第二相的材料体系而言，电磁波的衰减可以表示为

$$\gamma = \frac{\vartheta^2}{3} k_0^4 R^3 \tag{5.33}$$

而含有第二相的复合材料的有效光子平均自由程 $l_{\text{eff}}$ 可以表示为

$$\frac{1}{l_{\text{eff}}} = \frac{1}{l(\omega)} + \frac{1}{l_{sc}(\omega)} \tag{5.34}$$

其中，$l_{sc}(\omega) = \gamma^{-1} = 3\vartheta^{-2}R^{-3}(\omega\sqrt{\varepsilon}/c)^{-4}$，有有效平均自由程 $l_{\text{eff}}(\omega)$ 取代 $l(\omega)$，即可得到 $Sm_2Zr_2O_7$ 基复合材料光子热导率的计算方程为

$$\kappa_r = \frac{c^2 k_B^4 T^3}{\pi^2 \hbar^3 \sqrt{\varepsilon}} \int_0^\infty \frac{x^4 e^x}{(e^x - 1)^2 \left[ 3c^3 \sqrt{2 \cdot 24p \dfrac{e^2}{a^2 m*D} x e^{\frac{E_i}{k_B T}}} + \vartheta^2 R^3 \left( \dfrac{0.16 k_B T}{\hbar} \right)^4 x^4 \right]} dx \tag{5.35}$$

其中，参数 $E_i$、$m^*$ 和 $p$ 分别替换为第二相的第一级价带能量、有效质量和体积含量，$\varepsilon$ 取相应复合材料的介电常数，而复合材料介电常数可以通过 Maxwell 关系式计算得到[10]：

$$\varepsilon = \frac{v_1 \varepsilon_1 \left( \dfrac{2}{3} + \dfrac{\varepsilon_2}{3\varepsilon_1} \right) + v_2 \varepsilon_2}{v_1 \left( \dfrac{2}{3} + \dfrac{\varepsilon_2}{3\varepsilon_1} \right) + v_2} \tag{5.36}$$

式中，$v_1$ 为基体在复合材料中所占的体积分数；$v_2$ 为增强相在复合材料中所占的体积分数；$\varepsilon_1$ 为基体的介电常数；$\varepsilon_2$ 为增强相的介电常数。

可以看出，模型中的计算参数与基体的晶粒尺寸、第二相的含量等密切相关，为了更直观地分析这些因素的影响，选取了典型的按照上述理论设计的稀土锆酸盐复相材料，对其进行光子导热分析。

## 5.2　典型散射式低光子导热材料案例介绍

5.1 节介绍了关于散射式低光子导热材料的经典设计原理，根据上述原理可以选取适当材料设计多种低光子导热稀土锆酸盐结构体系。下面以典型 $Sm_2Zr_2O_7 - SiO_2$ 材料体系为例，分析这类材料的隔热性能，$Sm_2Zr_2O_7$ 及 $Sm_2Zr_2O_7 - SiO_2$ 陶瓷的光子热导率如表 5.1 所示。

表 5.1　$Sm_2Zr_2O_7$ 及 $Sm_2Zr_2O_7 - SiO_2$ 陶瓷的光子热导率

| 温度 /℃ | $Sm_2Zr_2O_7$ | 2 vol. % | | | 5 vol. % | | | 10 vol. % | | |
|---|---|---|---|---|---|---|---|---|---|---|
| | | 10 μm | 15 μm | 35 μm | 10 μm | 15 μm | 35 μm | 10 μm | 15 μm | 35 μm |
| 700 | 0.002 | 0.008 | 0.007 | 0.012 | 0.011 | 0.006 | 0.007 | 0.007 | 0.004 | 0.008 |
| 800 | 0.066 | 0.084 | 0.069 | 0.081 | 0.113 | 0.099 | 0.068 | 0.066 | 0.010 | 0.091 |
| 1 000 | 0.120 | 0.142 | 0.139 | 0.138 | 0.169 | 0.178 | 0.151 | 0.147 | 0.056 | 0.158 |
| 1 200 | 0.170 | 0.193 | 0.187 | 0.186 | 0.217 | 0.235 | 0.229 | 0.222 | 0.095 | 0.249 |

在不考虑 $Sm_2Zr_2O_7$ – 10 vol.% 15 μm $SiO_2$ 复合材料的前提下，研究不同温度下系列 $Sm_2Zr_2O_7$ – $SiO_2$ 复合材料的光子热导率均值随第二相含量的变化关系，其结果如图 5.2 所示。从图中可以看出，不同温度下随第二相含量的变化，复合材料的光子热导率表现出不同的规律。

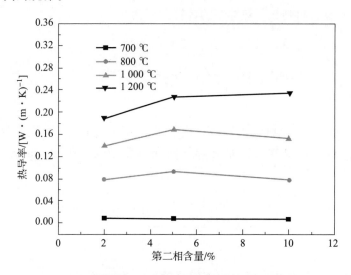

**图 5.2　不同温度下 $Sm_2Zr_2O_7$ – $SiO_2$ 复合材料光子**
**热导率均值与第二相含量的变化关系**

温度在 700 ℃时，各材料的光子热导率差别不大，这主要是因为 700 ℃时光子导热现象仍不明显。随着 $SiO_2$ 含量的增加，复合材料的光子热导率略微下降，这与材料内部逐渐增多的异质界面有关，异质界面的增加加剧了光子散射，使材料的光子热导率降低，但此时材料中光子导热作用尚不明显，随着 $SiO_2$ 含量的增加，复合材料光子热导率的降低幅度并不大。

温度在 800 ~ 1 000 ℃范围内，复合材料的光子热导率随 $SiO_2$ 含量的增加先升高后降低。这是因为在此温度范围内，光子导热的作用增强，而 $SiO_2$ 本身的光子热导率较高，在一定程度上会引起复合材料光子热导率的上升，$SiO_2$ 含量增多，其引起的光子热导率上升程度增大，尽管 $SiO_2$ 含量为 5 vol.% 时，材料中异质界面的数量也相应增加，但界面引起的光子热导率降低作用较小，两因素的综合作用导致 $SiO_2$ 含量为 5 vol.% 的复合材料光子热导率比 2 vol.% $SiO_2$ 的复合材料光子热导率要高。然而，当 $SiO_2$ 含量增加到 10 vol.%，复合材料的光子热导率反而下降，这表明此时界面热阻效应明显增强，有效抑制了高导热 $SiO_2$ 引起光子热导率上升的作用，表现为复合材料的光子热导率下降。

当温度升高到 1 200 ℃时，复合材料的光子热导率随 $SiO_2$ 含量的增加逐渐升高，这也是由第二相自身的高光子热导率以及界面热阻效应共同作用的结果。高温下光子导热作用占主导，对第二相的本征光子热导率较为敏感，$SiO_2$ 含量的增加相当于在基体内部为光子能量的传输提供了路径，反而成为光子进行热传递的快速通道，且这种

效应已超过 $SiO_2$ 界面对光子的阻碍作用，因此，高温下复合材料光子热导率随第二相含量的增加而增大；但增多的异质界面在一定程度上也起到了增强光子散射的作用，从而使光子热导率随第二相含量增大的上升速度有所减缓。

表 5.1 中含有 10 vol. %、15 μm $SiO_2$ 的复合材料光子热导率极低，远低于单相 $Sm_2Zr_2O_7$ 材料，这表明只有在满足一定含量及粒度要求时，第二相粒子才能成为降低材料光子热导率的理想添加相。在 $Sm_2Zr_2O_7$ – 10 vol. % 15 μm $SiO_2$ 复合材料中，基体中第二相含量高，意味着材料中异质界面的数量多，界面热阻作用也大，有助于光子热导率的降低。与同含量下的复合材料相比，对于 10 μm $SiO_2$ 的复合材料而言，其有效的 $SiO_2$ 粒径仅为 6 μm，位于高温燃气辐射光子波长的范围内，此时第二相仅能对部分光子进行散射，第二相散射能力的降低，导致其光子热导率升高；在 35 μm $SiO_2$ 的复合材料中，大粒径引起的单位体积内异质界面的减少效应显著，材料对光子的散射作用明显下降，同样使材料的光子热导率较高。而 $Sm_2Zr_2O_7$ – 10 vol. % 15 μm $SiO_2$ 复合材料的 $SiO_2$ 粒径介于 10 μm 和 35 μm 之间，与基体部分反应后有效的 $SiO_2$ 粒径仍大于高温燃气辐射的光子波长，保证了第二相对光子的散射能力，同时相对较小的 $SiO_2$ 粒径引起的异质界面减少效应并不明显，尽管高含量 $SiO_2$ 在一定程度上加速了光子的热传递作用，但 $Sm_2Zr_2O_7$ – 10 vol. % 15 μm $SiO_2$ 复合材料中的较大界面热阻效应有效地阻碍了光子导热，使其具有最低的光子热导率。因此，含有 10 vol. %、15 μm $SiO_2$ 的复合材料达到了散射相的含量、粒度要求，第二相粒子的存在有效地阻隔了高温热辐射，使其各温度间光子热导率的增幅较小，极大程度地降低了材料的光子热导率。

综上所述，复合材料的光子热导率是界面热阻与第二相本征光子热导率综合作用的结果。低温段光子传热作用很小，界面热阻效应占主导，起到了抑制光子导热的作用。而在高温段，特别是 1 200 ℃时，光子导热在传热过程中的比重增大，成为热传导的主要方式，复合材料体系中第二相对光子的传导能力逐渐体现出来，异质界面阻碍光子传输能力的有限性被第二相的高光子传递特性所掩盖，使材料的光子热导率升高。复合材料的光子热导率与加入第二相的粒径无关，其大小主要取决于第二相在基体中的体积含量。而当基体内存在具有合适含量和粒径的第二相时，材料可以有效阻隔辐射的热传递，从而达到降低稀土锆酸盐陶瓷光子热导率的目的。

## 本 章 小 结

本章介绍了稀土锆酸盐材料光子导热性能。分析了高温下导热方式的变化规律及热障涂层的防护机理。并针对稀土锆酸盐光子导热问题，提出了材料改性思路，为稀土锆酸盐应用于高温热障涂层领域提供了清晰的思路。

## 参 考 文 献

[1] 周宏明，易丹青，周楠. 热障涂层陶瓷材料的研究现状及发展趋势 [J]. 材料导

报，2007，27（1）：1-4.

[2] CLARKE D R, LEVI C G. Materials design for the next generation thermal barrier coatings [J]. Annual reviews of material research, 2003, 33: 383-417.

[3] 田莳. 材料物理性能 [M]. 北京：北京航空航天大学出版社，2001.

[4] KINGERY W D. 陶瓷导论 [M]. 北京：中国建筑工业出版社，1982.

[5] KLEMENS P G, GELL M. Thermal conductivity of thermal barrier coatings [J]. Materials science and engineering: A, 1998, 245: 143-149.

[6] 黄昆. 固体物理学 [M]. 北京：高等教育出版社，2005.

[7] KONG J A. 电磁波理论 [M]. 吴季，等译. 北京：电子工业出版社，2003.

[8] 符国行. 电磁场中的格林函数法 [M]. 北京：高等教育出版社，1993.

[9] 张启仁. 静电场论 [M]. 北京：科学出版社，2003.

[10] 张锋. 新型热障涂层陶瓷粉体材料基本热物性参数的预测方法研究 [D]. 北京：北京理工大学，2008.

# 第 6 章
# 稀土锆酸盐喷涂粉体制备与特性

通过固相法和液相法制备的稀土锆酸盐粉体尺寸较小，在热喷涂过程中易被气流吹散；而且粉体流动性很差，这将影响喷涂时粉体的输送，导致涂层质量下降。为了保证涂层质量，必须对粉体进行喷涂前处理，提高粉体的流动性。如将粉体通过喷雾造粒技术制成团聚粉，当团聚粉性能仍不能满足喷涂需求时，还可以利用等离子球化技术进一步提高喷涂粉体的喷涂性能。在本章中，将对不同粉体前处理过程进行分析，对不同工艺的影响因素进行讨论，帮助读者更充分地掌握喷涂粉体处理工艺。

## 6.1  粉末的喷雾造粒技术

喷雾干燥法指粉体浆料在高温干燥介质中被雾化而迅速干燥团聚的过程。常用的雾化方式有离心雾化和高压气体雾化两种，喷雾干燥法是目前制备微米团聚粉的最常用方法。纳米粉体团聚形成可适用于热喷涂的微米粉体，但微米粉体内部仍保留纳米结构。经过喷雾干燥法制备的粉体颗粒，具有如下两个优点：①粉末粒径均匀可控，通过控制浆料的制备及喷雾干燥机的雾化工艺参数，可制备粒径在 10～100 μm 甚至粒径更大的陶瓷粉体颗粒；②球形度良好，粉体形状基本为球形或近球形，所以其流动性好，特别适用于喷涂时等离子喷枪的送粉过程。

喷雾干燥法造粒的工艺流程包括混合浆料制备、浆料喷雾干燥、造粒粉体热处理。喷雾造粒制备的颗粒具有以下特点：造粒团聚后得到的粉体形状较为规则，基本为近球形或椭球形，其流动性非常好，便于在喷涂过程中连续均匀地送粉；通过控制制浆以及喷雾干燥机的参数，可制备尺寸在几微米至接近 100 μm 的颗粒，且颗粒粒径呈正态分布，适合于等离子喷涂使用。在制浆过程中，由于纳米粉体比表面积较大，在去离子水介质中具有较高的表面能，因此浆料内部的悬浮颗粒容易产生团聚或絮凝，影响了浆料的稳定性和分散均匀性。为解决该问题，可以通过加入适量分散剂，以获得低黏度、高稳定、均一分散的浆料，这对造粒团聚颗粒内部各组分的均匀分布尤为重要。浆料中聚合物黏结剂的作用主要是包裹纳米粉体颗粒，产生三维相互贯通的树脂构架，并给予团聚颗粒一定的强度。喷雾造粒粉在黏结剂的作用下将纳米颗粒团聚形成微米颗粒，其内聚强度较差，在喷涂过程中易被高压力的等离子气流吹散，导致粉体无法稳定地受热熔化，进而影响喷涂效率和质量。因此，需要对喷雾造粒粉进行热处理，在去除颗粒内部的有机物同时提供其内聚强度。如何在保证团聚颗粒内聚强度的同时控制纳米晶粒生长将是热处理过程至关重要的问题。

### 6.1.1 喷雾造粒制浆技术

浆料配制是喷雾干燥前最关键的一步，球磨制备的浆料固含量、黏结剂含量等参数对团聚粉体的球形度、颗粒致密度等特性有着至关重要的影响。

（1）黏结剂的影响：黏结剂可以通过包裹粉体颗粒，稳定喷雾造粒过程中离心雾化的雾滴和自身固化形成表面，产生三维相互贯通的树脂构架，以产生球形颗粒，并赋予造粒颗粒一定的强度。当粘接剂含量过低时，无法起到有效的粘连作用，粉体无法团聚；而当黏结剂含量过高时，会增大浆料的黏性系数，还会产生粉料粘壁现象，造成粉体缺陷增加，球形度降低[1]。只有当黏结剂含量适中时，其才会在粉体颗粒表面形成一层很薄的润滑膜，改善颗粒表面的粗糙度和球形度。因此，黏结剂含量的选取至关重要（图6.1）。

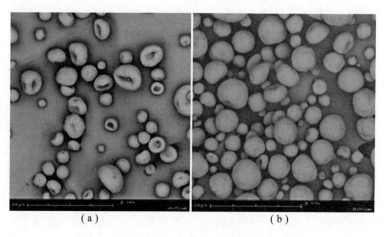

（a） （b）

**图6.1 不同黏结剂含量条件下造粒粉的形貌**

(a) 0.5 wt%；(b) 1 wt%

（2）固含量的影响：浆料固含量过低会导致颗粒球形度差，其颗粒更易呈扁平状，且空心颗粒较多，这是由于水分过多、蒸发过程过长导致的。随着固相含量的增大，颗粒球形度也逐渐改善。而过高的固含量会导致空心颗粒含量的增加，由于浆料中水分过少，表面水分的蒸发速度大于其迁移到团聚体表面的速度，表面不能有效维持饱和稳定状态，团聚体各个方向均匀受热，在水分蒸发的驱动下，各个方向上的蒸发界面向中心位置移动，最终形成空心球形团聚体颗粒[2]。因此，选取浆料固含量参数时，主要应从水分的蒸发与转移过程进行考量，水分从液滴内部到表面的迁移速度与从液滴表面到干燥空气的迁移速度相同，水分由颗粒内部迁移到表面，随着水分的大量蒸发，细小颗粒大量在团聚体表面聚集，从而更易形成空心团聚粉末，浆料中固相含量增多，这可以缩短干燥时间，干燥过程的缩短可以减少随水分一起向颗粒表面迁移的固体粒子，从而促使较多的实心球体的形成。进一步增加固含量，过快的蒸发速率导致蒸发界面向中心移动，这也容易形成空心颗粒（图 6.2、图 6.3）。

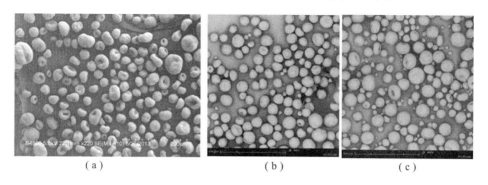

（a）　　　　　　　　　　（b）　　　　　　　　（c）

**图 6.2　不同固含量制备造粒粉的形貌**

（a）固含量 45 wt%；（b）固含量 50 wt%；（c）固含量 55 wt%

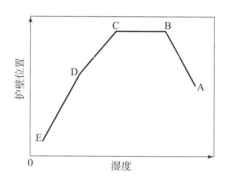

**图 6.3　喷雾干燥过程水分蒸发行为**

## 6.1.2　喷雾造粒干燥技术

喷雾干燥是一个浆料被造粒盘甩开形成小液滴，并在高温下迅速雾化而后干燥的过程。喷雾干燥过程的主要参数包括进出口温度、造粒盘转速、送料速度等，这些参数影响着浆料与高温介质的传热、传质过程。由于温度超过某一限值后，对粉体的影响微乎其微，因此在这里只讨论造粒盘转速及送料速度两种因素。

（1）造粒盘转速的影响：总体来讲，团聚颗粒粒径随着转速的升高而减小。而从球形度角度，随着转速的升高，团聚体的球形度也有所改善。因为喷头的转速越高，雾化盘给予浆料的作用力越大，浆料飞出的距离越远，形成的液滴粒径越小。这也可以结合图 6.4 所示颗粒的成型变化来解释：当雾滴进入水分降速蒸发阶段，其表面结壳并形成相对封闭空间，当内压大于外压时形成表面孔洞；随干燥过程的进行，内压趋近于外压使已成型的颗粒外层不发生破裂；成型后，其内部水分继续蒸发，原本水分残留的空间形成空心，颗粒因内外压差收缩形成凹陷。低转速条件下液滴尺寸大，表面孔洞也大，其所受的剪切力也大，从孔洞对称处发生破裂的可能性高，从而形成较多缺陷形状的颗粒。随着转速的升高，液滴尺寸减小，在成型过程中所受剪切力小，得到的颗粒球形度较好（图 6.5）。

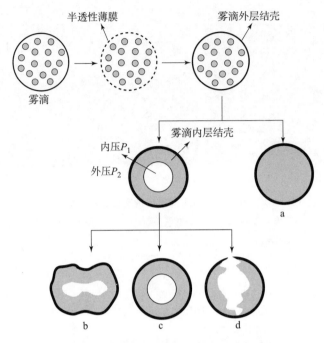

图 6.4　喷雾干燥过程中颗粒的成型变化

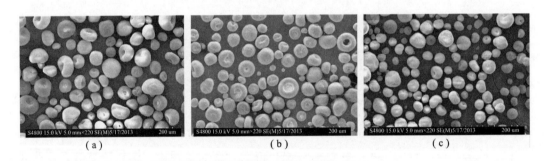

图 6.5　不同造粒盘转速制备造粒粉形貌

（a）转速 25 Hz；（b）转速 35 Hz；（c）转速 45 Hz

（2）进料速度的影响：为了制备出球形度良好的造粒粉，进料速度的调节必不可少。图 6.6 是进料速度不同时的团聚粉形貌，从团聚体形貌看，随进料速度的上升，颗粒由"柿饼"状变化到"窝窝头"状再长大到"苹果"状，最终到接近球形状。虽然颗粒的尺寸变化不大，基本都在 40 ~ 50 μm，但是颗粒的饱满程度逐渐得到改善。这是因为当进料速度较小时，雾滴与顶部的高温空气接触面大，溶剂蒸发过快，导致颗粒破裂，无法形成球形度较好的粉体。适当地增加进料速度，与造粒盘转速形成良好的匹配，可以使液滴中水分的蒸发与迁移达到平衡，干燥后得到球形度良好的颗粒。

**图 6.6 不同进料速度制备造粒粉形貌**

（a）30 rpm；（b）35 rpm；（c）40 rpm

### 6.1.3 喷雾造粒烧结工艺

喷雾干燥得到的团聚体粉末的热处理工艺主要包括两个阶段：第一阶段为低温煅烧，目的是除去喷雾干燥过程中带入团聚体粉末内部的杂质，包括喷雾干燥过程中残存游离态水的蒸发和 PVA（聚乙烯醇）的燃烧等，从而保证粉体的纯度，低温煅烧温度一般为 600 ℃以下，防止高温下 PVA 分解过快，产生大量气体破坏粉体团聚状态；第二阶段为高温煅烧，经历低温煅烧后，粉体继续升温到 1 000 ℃以上，可以使团聚体粉末内部细小颗粒之间发生细微的烧结，并使团聚体粉末具有一定的强度以保持既有形状，保证粉末在输送进入等离子体射流的过程中不会发生破碎，而煅烧温度则需根据粉体的不同来进行选择。由于低温煅烧阶段主要以分解 PVA 为目的，对粉体状态影响较小，因此主要讨论高温煅烧阶段。图 6.7 为喷雾造粒团聚体热处理前后单个颗粒表面形貌。

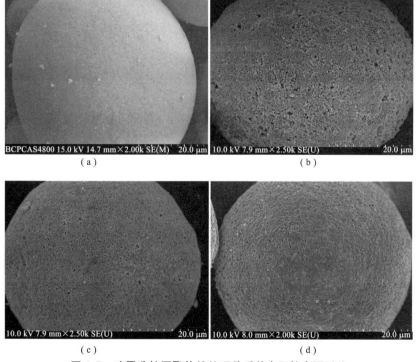

**图 6.7 喷雾造粒团聚体热处理前后单个颗粒表面形貌**

（a）热处理前；（b）1 100 ℃ -2 h；（c）1 250 ℃ -4 h；（d）1 500 ℃ -4 h

可见，烧结工艺参数对团聚粉状态具有较大影响。团聚体烧结温度不同其表面形貌也不相同。热处理前粉体在黏结剂的作用下，颗粒表面光滑且致密。经历低温煅烧后，由于 PVA 的分解，颗粒之间的连接被破坏，加之干燥过程中残存游离态水的蒸发，团聚体表面呈现疏松多孔的形貌，随着煅烧温度的升高，进入高温煅烧阶段后，颗粒出现烧结，如图 6.8（b）、（c）、（d）所示，随着高温煅烧温度及保温时间的增加，颗粒间的孔隙减少、致密度增大。在 1 500 ℃煅烧 4 h 后，颗粒表面出现烧结态区域，且由于晶粒的生长使得颗粒间的孔隙进一步减少，表面致密度有了明显的提高。

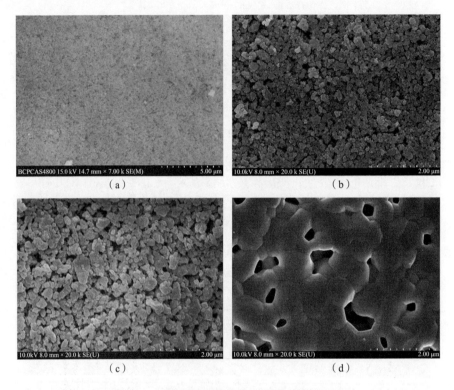

**图 6.8　喷雾造粒团聚体热处理前后晶粒形貌**

(a) 热处理前；(b) 1 100 ℃ – 2 h；(c) 1 250 ℃ – 4 h；(d) 1 500 ℃ – 4 h

热处理后表面晶粒形貌也发生改变，最明显的变化为晶粒尺寸的增加。尺寸增加是晶粒生长的结果。在整个热处理阶段，晶粒生长过程可分为三个阶段：初始阶段，晶粒在黏结剂的作用下团聚在一起，基本无孔隙；烧结颈阶段，部分紧邻纳米粒子开始产生花生状烧结颈，烧结颈长大造成纳米粒子长大，其周边留下较大孔隙，气孔变得相对集中且尺寸增大，几乎全部的纳米颗粒接触成颈，发生大面积黏结，气孔相对封闭，各粒子之间结合度高；晶粒快长阶段，通过体积扩散、表面扩散和晶界扩散等方式，原子向颗粒结合面处扩散，晶粒继续均匀长大，两个颗粒间晶界相遇，形成晶界网络，并通过一部分小孔的消失和合并，来增加致密度。

热处理后团聚体流动性数值也会得到改善。煅烧后团聚体颗粒内部的黏结剂和游离态水排出，颗粒表面形成疏松多孔的结构；随煅烧温度的升高，保温时间的延长，晶粒长大程度提高，晶界间孔隙减少，晶粒之间的致密度提高，颗粒表面再次致密化。相应的团聚体松装密度显著升高，粉体流动性也得到明显的改善。

# 6.2 粉末的球化技术

喷雾干燥法制备的粉体具有一定的内聚强度和松装密度，可直接用于等离子喷涂制备涂层。但经高温烧结热处理后的粉体不可避免地发生收缩现象，导致其流动性及松装密度提高有限，进而对热喷涂时的沉积效率及粉体颗粒在等离子焰流中的熔化状态产生影响。采用大气等离子球化工艺对团聚粉体进行处理，不仅可以显著地提高喷涂粉体的流动性能和松装密度，而且等离子体产生的高能量使得粉体颗粒的内聚强度得到进一步提高。

等离子球化法是指在高频感应线圈或者电弧激发等离子体下，利用等离子体的高温高能使粉体迅速加热并熔化，形成熔滴，并在表面张力的作用下团聚形成球形液滴，而后凝固形成热喷涂用粉体的过程。

常用的等离子球化法包括感应等离子球化法和大气等离子球化法，感应等离子球化技术是指利用高频感应线圈激发等离子体将送入的粉体加热融化随后凝固的方法，该方法无电极污染故而纯度高、气氛可控。而该方法速度慢，且由于温度（能量）太高，粉体虽然可以得到充分的熔化，但得到的粉体内部组织过于致密而很难控制，且粉体颗粒有充足的时间和条件长大，内部组织难以保留纳米晶。大气等离子球化法是指利用大气等离子喷涂（APS）设备将粉体进行加热熔化并在去离子水中收集粉体的技术，该方法除了具有松装密度高、气氛可控，速度快，能得到充分的球形度等优点外，由于收集粉体时采用去离子水收集，粉体快速凝固，颗粒晶粒来不及长大仍可以保留粉体内部的纳米组织从而达到对组织的控制。此外，大气等离子球化方法制备的粉体容易产生空心致密的结构，这对于制备涂层的隔热性能是有利的。

从图 6.9 和图 6.10 中可以看出，球化后粉体的表面形貌明显优于团聚粉体，球化粉球形度好，表面光滑"饱满"，球化后粉体的粒度分布均匀，呈正态分布，体现了良好的粉体特性。对比喷雾干燥法制备的造粒团聚粉体，团聚粉体球形度较差，出现不

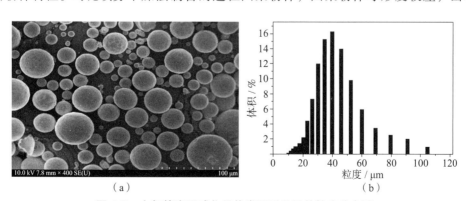

（a）　　　　　　　　　　　　　　（b）

**图 6.9　大气等离子球化粉体表面形貌及其粒度分布图**

（a）粉体表面形貌；（b）粒度分布图

规则形状，部分粉体呈"柿饼"状或"苹果"状，其成因在 6.1 节中已经详细讨论过，不再赘述。球化粉体和团聚粉体形貌最大差异是粉体表面致密度，这是因为煅烧后的团聚粉体颗粒内部的 PVA 黏结剂和游离态水被排出，致使表面存在较多的孔洞结构粉体，而球化粉则是经历一个熔融–结晶过程，表面较致密。

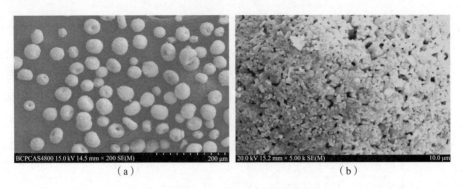

（a）　　　　　　　　　　　　　　　　　　　（b）

**图 6.10　喷雾造粒煅烧团聚体颗粒表面形貌**

（a）宏观形貌；（b）高倍形貌

### 6.2.1　球化的影响因素

大气等离子球化处理后的粉体，其球形度、流动性和松装密度等特性均有不同幅度的提高，球化过程中等离子体射流场特征（功率、送粉率等）、球化距离均会对粉体特性产生影响，弄清各因素对粉体特性的影响规律，对于球化工艺十分重要。

（1）等离子体射流场特征的影响：大气等离子球化是一个提供高温高能加热熔化并冷却制备粉体的过程，而等离子射流场的特征，包括温度场和运动场对粉体的熔化状态与内部组织结构均有较大影响。改变工艺参数也主要是对这两种场状态的改变。其中，电流越高、主气流量越小、辅气流量越高，则等离子体射流场的能量越高，其温度场和运动场均越高；反之则这两种场强度越低。在低的等离子体射流场能量下，粉体获得能量少，加之热障涂层粉体本征热导率低、热量扩散慢，导致粉体内部难以完全熔化，球化率相对较低，表面粗糙多孔，该类粉呈现边缘充分熔融凝固而中心区域疏松分散的形貌特征。提高射流场能量，则粉体中心逐渐熔融，出现了中空而边缘致密的粉体，但仍有部分中心疏松的粉体存在，这种粉体表面已经完全熔化，球形度尚可，但由于能量仍稍有不足，其球化率不高。再次提高射流场能量后，粉体获得大量热量得以充分熔化，且粉体内部出现实心致密和空心两种形貌，这种粉体才是理想的球化粉。但如果射流场能量过大，会使粉体在枪口处发生熔融，称之为过熔现象，这会导致熔融冷却的粉体堵塞枪口，对球化过程不利（图 6.11、图 6.12）。

（2）球化距离的影响：与热喷涂时喷涂距离的影响一样，球化距离对粉体的熔化、冷却过程也具有很大的影响。球化距离过近时，粉末在等离子体焰流中飞行（加热）的时间较短，导致粉体的熔融不充分，粉体在撞击到去离子水前未完全冷凝成型，强度不够大，而粉体飞行速度快、动能大，冲击到去离子水面时，粉体形状发生"变

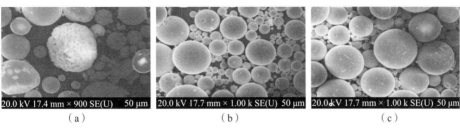

**图 6.11　三种不同等离子体射流场特征的球化粉体 SEM 表面形貌**

（a）小能量射流场；（b）中能量射流场；（c）大能量射流场

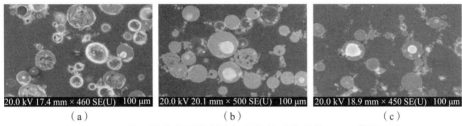

**图 6.12　三种不同等离子体射流场特征的球化粉体 SEM 截面形貌**

（a）小能量射流场；（b）中能量射流场；（c）大能量射流场

形"，且易于溅射破碎形成粒径细小的粉体，细小的粉体颗粒附着在大粒径粉体表面，造成了该粉体破碎情况严重、粒径差别较大且细小粉体过多、流动性能较差。适当地增加球化距离可以改善粉体的组织形貌，如图 6.13 和图 6.14 所示，增大球化距离后粉体的破碎变形虽然仍存在但得到改善，球形度良好，破碎粉减少，粒径分布也相对集中。进一步增加球化距离，粉体加热熔化时间更充足并有足够时间冷凝成型，粉体具有很高强度，不会产生破碎变形情况，粉体粒径分布也更为均匀。

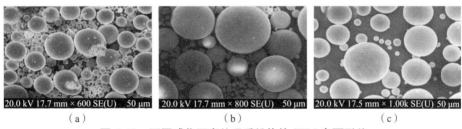

**图 6.13　不同球化距离处理后粉体的 SEM 表面形貌**

（a）150 mm；（b）200 mm；（c）250 mm

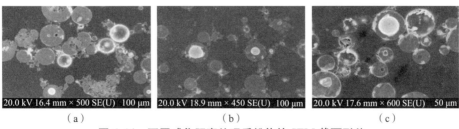

**图 6.14　不同球化距离处理后粉体的 SEM 截面形貌**

（a）150 mm；（b）200 mm；（c）250 mm

综上所述，球化距离对粉体的特性具有很大的影响。球化距离过短，粉体加热熔化不充分，冲击到去离子水中前未能冷凝成型，粉体易发生破碎现象，形成较多细小粉体；随着球化距离的增大，粉体在等离子体焰流中加热熔化更充分且有充足的时间在撞击到去离子水时冷凝成型，得到的粉体破碎情况得到减缓，颗粒粒径分布均匀，粉体球形度和流动性均较好。

## 6.2.2 球化粉体组织形貌形成机理

6.2.1 小节讨论中发现，球化后粉体出现了三种形貌特征：完全实心致密、中部空心边缘致密和内部疏松边缘致密（图 6.15）。在低等离子体射流场能量下，粉体基本只出现完全实心致密粉体（粉体粒径 < 30 μm）和内部疏松边缘致密粉体（粉体粒径 > 30 μm）；在中等离子体射流场能量条件下粉体出现了中部空心边缘致密的壳层粉体；而在高等离子体射流场能量条件下，粉体只呈现两种特征形貌：完全实心致密粉体和中部空心边缘致密的壳层粉体。对比发现随着球化工艺的等离子体射流场能量升高，粉体吸收热量增多，可完全熔化粉体的粒径增大，事实上，两者之间的关系如式（6.1）所示[3-4]：

$$\frac{1}{6}\pi d_s^3 \rho C_{ps} \frac{\mathrm{d}T_s}{\mathrm{d}t} = Nu \frac{\lambda_p}{d_s}(T_p - T_s)\pi d_s^2 - \varepsilon\sigma T_s^4 \pi_s^2 \qquad (6.1)$$

式中，$d_s$ 为粉体直径；$\rho$ 为粉体密度；$C_{ps}$ 为粉体比热；$T_s$ 为粉体温度；$t$ 为粉体在等离子弧中的时间；$Nu$ 为努塞尔数；$\lambda_p$ 为等离子体热传导系数；$T_p$ 为等离子温度；$\varepsilon$ 为粉体表面温度；$\sigma$ 为玻尔兹曼常数。

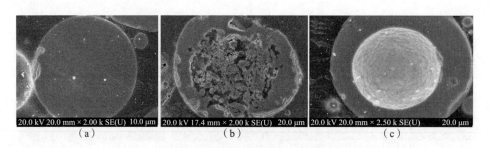

**图 6.15  不同球化粉体组织截面图**

（a）完全实心致密；（b）内部疏松边缘致密；（c）中部空心边缘致密

可以看出，在其他条件一致的情况下，等离子体射流场能量升高，即等离子体温度 $T_p$ 变大，则粉体温度 $T_s$ 与粉体表面温度 $\varepsilon$ 跟着增大，提供热量增多，可完全熔化粉体颗粒粒径增大。粉体颗粒在等离子体焰流中加热时，粉体表面温度首先达到熔点，所以粉体表面率先熔化，由于材料的热传导、对流和辐射，热量往中部传输，而粉体粒径越小，受热越充分，使得粉体中心的温度也迅速超过了粉体材料熔点并发生熔化，所以能使整个粉体完全熔化，形成完全致密的实心粉体。此类等离子球化粉体粒径较小、内部紧实、松装密度高，在等离子喷涂过程中热量较易传导进粉体内部，所以会被率先加热熔化形成致密的涂层组织。

而内部疏松边缘致密的粉体，其形成是粉体在等离子弧焰流中加热时，外缘部分优先达到熔点以上发生熔化，而这类粉体一般粒径较大，从外缘传导到内部的温度不足以使中心区域的晶粒发生熔化，而只能使晶粒发生烧结长大黏结在一起，故这类粉体颗粒的形貌呈现外缘具有一定厚度的致密平滑壳层而内部疏松状态，且越靠近中心区域，粉体烧结程度越低也越疏松，该类粉体容易保留纳米级或亚微米级尺寸的晶粒；但该类粉体过多会使得粉体松装密度不大，且热喷涂过程中可能会发生破碎，不利于沉积，或者沉积到基体上时只有表层熔化铺展在基体上而使内部疏松组织"暴露"，使涂层组织疏松，这类粉体都具有厚度在 5~15 μm 的壳层，这主要取决于等离子体射流场能量、粉体本身特性（热导率高低、孔隙率大小、晶粒尺寸大小）以及粉体在等离子弧中经历的时间。等离子体射流场能量越高，粉体孔隙越少，加热熔化时间越长，则熔化状态越好，可熔化的范围越大，壳层厚度越大；相反，等离子体射流场能量越低，粉体越致密，加热时间越短，则壳层厚度越小。

球化中还有一种内部中空边缘致密具有一定壁厚的空心粉体，这类粉体的形成机理是：喷雾干燥－煅烧法制备的团聚粉体，其内部疏松多孔，这些疏松多孔团聚粉体在等离子喷枪焰流中实现了空心化[5]。粉体在等离子体焰流中受热，表层率先熔化成液态，液态的颗粒部分包覆在颗粒表面阻止颗粒内部的气体逸出。随着热量从粉体表面向内部传导，颗粒逐渐向内熔化，被"捕获"的气体向颗粒中心移动，而内部粉体颗粒在毛细管力作用下会往外部迁移并依次被熔化，在表面张力和被"捕获"气体膨胀的作用下，形成内部中空的球形熔滴，随后冷凝成型形成空心粉体[6]。这类粉体的晶粒尺寸可以通过三维超景深显微镜测量，根据统计，这类粉体的粒径尺寸一般介于上述两种粉体之间，形成的致密壁厚度较大（6~20 μm）（图6.16、图6.17）。

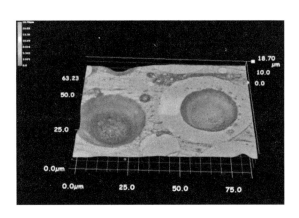

图 6.16　中部空心边缘致密的壳层粉体三维超景深形貌

综上所述，等离子体射流场能量和粉体粒径的共同作用决定了粉体的形貌特征，等离子体能量越大则越容易形成实心致密和空心致密形貌特征的粉体，而粒径越大则越容易形成内部疏松边缘致密形貌特征的粉体。

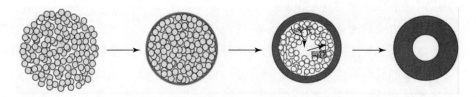

**图 6.17　等离子球化空心粉体的形成示意图**

　　这些喷涂粉体处理工艺均是为后续的等离子喷涂服务的，而不同的涂层对喷涂粉体的要求千差万别，因此粉体的处理方式也不是一成不变的。在实际生产过程中，往往需要根据涂层的需求，对粉体进行有目的性的设计，因此，喷涂粉体的制备，并不是一成不变的，要根据自身的需求，灵活地使用各种粉体处理技术：如有一定孔隙率要求的涂层，可不必进行喷雾造粒后球化流程；而熔点较高的粉体，则可能需要进行多次球化使内部粉体充分熔融。

# 本 章 小 结

　　本章介绍稀土锆酸盐喷涂粉体的制备方法，并分别介绍了不同制备方法中喷涂粉体性能影响因素。对于不同方法制备的喷涂粉体，其组织形貌、喷涂性能等也有所不同，读者需根据喷涂参数、涂层结构等来选取合适的喷涂粉体制备方式及制备参数。

# 参 考 文 献

［1］唐文军，傅正义，张金咏，等 . TiB$_2$/Al$_2$O$_3$ 复合粉体的喷雾干燥造粒与特性研究［J］. 陶瓷学报，2006，27（4）：373.

［2］陆有军，吴澜尔，陈宇红 . SiC 喷雾造粒粉的影响因素研究［J］. 中国粉体技术，2007，13（5）：5 – 6.

［3］AMOUROUX J，DRESVIN S，MORVAN D，et al. Calculation of silicon particles dynamics，heat and mass transfers in thermal plasma. Effect of particles vaporization［J］. High temperature material processes，2003，7：93 – 105.

［4］DIGNARD N M，BOULOS M I. Powder spheroidization using induction plasma technology［C］//BERNDT C C. Proceedings of the International Thermal Spray Conference，Canada：Montrdal，2000.

［5］李飞，李雁淮，徐可为，等 . 氧化锆空心球粉体制备及其涂层性能研究进展［J］. 稀有金属材料与工程，2014（12）：3183 – 3187.

［6］SOLONENKO O P，GULYAEV I P，SMIRNOV A V. Thermal plasma processes for production of hollow spherical powders：theory and experiment［J］. Journal of thermal science and technology，2011，6（2）：219 – 234.

# 第7章

# 等离子喷涂稀土锆酸盐涂层组织与性能

等离子喷涂技术是继火焰喷涂之后大力发展起来的一种新型多用途的精密喷涂方法，它具有以下优点：①超高温特性，便于进行高熔点材料的喷涂。②喷射粒子的速度高、涂层致密、黏结强度高。③由于使用惰性气体作为工作气体，所以喷涂材料不易氧化。近年来，等离子喷涂技术已经成为热障涂层制备的重要技术[1]。稀土锆酸盐在等离子喷涂过程中受很多因素影响，在本章中，将选取几个典型的影响因素，分析稀土锆酸盐在等离子喷涂过程中的影响因素及沉积机理，并选取典型稀土锆酸盐材料，对其涂层性能进行分析。

## 7.1 粉体特性对涂层组织的影响

在第6章中我们介绍了一系列的粉体处理方法，喷涂粉末的状态与其前处理工艺息息相关，而粉末的特性将直接决定喷涂涂层的质量，如粉体致密度、粉体流动性以及粉体空心率等对涂层状态均有较大影响。

### 7.1.1 粉体致密度的影响

致密度不同的喷涂粉体，在大气等离子喷涂过程中的响应行为对涂层的形成具有比较大的影响[2-3]。以下是三种不同致密度的粉体对涂层的影响研究分析。

图 7.1（a）~（c）分别对应着三种球化粉体在相同大气等离子喷涂工艺下的涂层的表面形貌。由这些表面形貌图可以看出，涂层表面主要由两种结构组成：完全熔化部分与不完全熔化部分。图 7.1（a）涂层表面形貌光滑和粗糙部分差异特别明显，未完全熔化形貌呈现团簇状，而完全熔化铺展区域存在较多的裂纹。原因是第一种球化粉体本身致密度较差，熔化状态不好，球化率相对较低，存在表面熔化中心部分未熔的粉体，所以沉积到基体上时内部未完全熔化晶粒"暴露"形成如图 7.1（a）所示疏松团簇形貌。另外，由于粉体熔融状态不佳，形成涂层时组织差别较大，造成应力较大，冷却时应力释放形成裂纹。随着粉体的熔化状态变好，如图 7.1（b）、（c）所示，两种涂层表面形貌上大体相似，未熔情况相比第一种涂层减少，说明粉体熔化沉积情况变好，致密度上升。这是因为致密度高的粉体，特别是第三种球化粉体，其熔化状态最好，球化程度最高，粉体无部分烧结疏松结构，在等离子体焰流中重新加热熔化

时，热量从粉体表面到中心的传导更为容易，使得粉体在等离子体焰流中重新熔化状态最好，熔化后的粉体撞击沉积到基体上时更易铺展开，表面更为光滑且无未完全熔化粉体的团簇"暴露"情况。

**图7.1　三种不同致密度粉体对应涂层表面形貌**

（a）致密度较低；（b）致密度一般；（c）致密度较高

图 7.2 为三种不同致密度粉体对应涂层断口形貌。这三种涂层内部组织均含有典型的大气等离子喷涂工艺制备涂层的特点——片层状结构（由柱状晶组成）。涂层的结构主要由热喷涂粉体熔化状态、沉积基体后冷却过程所决定。柱状晶的形成是因为熔化的粉体撞击到基体材料上后铺展形成层状结构，在垂直于基体的方向上存在温度梯度，形核后的晶粒会沿着梯度的方向长大形成柱状晶[4]。孔洞、裂纹的存在则是由于粉体熔化情况、携带气体、颗粒堆积形成层间微裂纹等。粉体致密度不同，其熔融状态也不同，导致组织形貌也有较大差异。如图 7.2（a）所示，粉体致密度低时，涂层内部存在较多的未熔融颗粒，且有大裂纹产生，组织中也含有较多的碎片。这些熔化状态较差的粉体在喷涂过程中只发生部分烧结，粉体内部组织疏松，在以高速状态撞击沉积到基体上时容易破碎分散成碎片状颗粒附着于涂层内部，形成疏松组织。而图 7.2（b）、（c）中，涂层内部的柱状晶片层状结构更加明显，这是因为这两种涂层对应的球化粉体致密度较高、熔化状态较好，且有较多空心粉体，这些粉体在沉积到基体上时，原有的粉体壳层结构完全熔化重新形核长大形成柱状晶，空心部分则形成界面，这些界面及孔洞等缺陷的存在会对涂层热导率的降低以及隔热性能的提高具有重要的作用。

由以上分析可得，致密度越高的球化粉体，在大气等离子喷涂过程中越易受热熔化，其粉体重新熔化状态越好，沉积到基体上时未熔相越少并越容易铺展，使得表面越平滑。

**图 7.2 三种不同致密度粉体对应涂层断口形貌**

（a）致密度较低；（b）致密度一般；（c）致密度较高

## 7.1.2 粉体流动性的影响

由热喷涂工艺可知，粉体的流动性对热喷涂过程的影响较大，流动性影响着热喷涂时粉体在送粉器中的输送以及在等离子枪中的加热熔化过程，进而对制备涂层的沉积率以及组织结构产生影响[5]。

图 7.3（a）为流动性较差的粉体对应涂层的表面形貌，可以发现该涂层表面由完全熔化部分（平滑区域）和未完全熔化部分（凸起区域）组成，且在完全熔化区域出现大量微裂纹，这说明形成涂层时，内部含有较大的热应力，在冷却过程中残余应力释放使得涂层表面的裂纹萌生并扩展。这是因为该球化粉体流动性差，在等离子体焰流中加热时，部分颗粒充分熔化沉积在基体上形成图 7.3（a）中平滑区域，但其所受应力也较大，而另一部分粉体熔化状态稍差，沉积到基体上时很难完全铺展开而形成图 7.3（a）中粗糙部分。图 7.3（b）为流动性好的粉体对应热障涂层表面形貌。观察发现，该涂层表面较为平整，颗粒完全熔化并铺展开，呈现出光滑平整的形貌特征。这是因为该球化粉体流动性好，在等离子体焰流中受热时熔化状态差别相对较小，故应力也相对较小，表面微裂纹相比图 7.3（a）要少得多。

图 7.4（a）、（b）分别对应着两种流动性的粉体在相同大气等离子喷涂工艺下的涂层的截面形貌。从图中可以看出，两种涂层的陶瓷面层（TC）厚度相差不大，且与黏结层（BC）的结合界面良好，无较大集中的缺陷存在。陶瓷面层内部均存在一定的孔隙、横向或纵向裂纹等缺陷。观察图 7.4（a），涂层内部比较致密，无贯穿或延伸到

（a）　　　　　　　　　　　（b）

**图7.3　两种不同流动性的球化粉体对应涂层表面形貌**

（a）流动性为141.2 s/50 g的粉体；（b）流动性为25.2 s/50 g的粉体

基体或涂层表面的裂纹，但内部存在较大的横向裂纹与纵向裂纹，纵向裂纹与横向裂纹几乎发生交接，说明涂层内部应力较大，这对涂层性能是很不利的。这是由于粉体流动性差，其在等离子体焰流中熔化状态差异也较大，造成热应力较大，随着喷涂过程的进行，热应力变大，涂层内部的裂纹沿着片层与片层之间发生扩展，应力得到释放，此时产生如图7.4（a）所示的横向裂纹，这对涂层的性能是极为不利的。图7.4（b）为流动性好的粉体制备的涂层截面形貌。相比前一种涂层，该涂层内部组织紧实，无较大孔隙或裂纹存在且分布均匀。这主要是因为该喷涂粉体流动性好，在等离子体焰流中受热时熔化状态比较均匀，喷涂沉积过程中和随后的冷却后残余应力也相对较小。

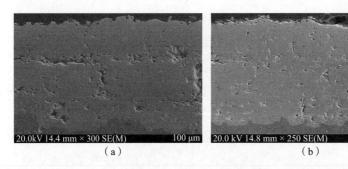

（a）　　　　　　　　　　　（b）

**图7.4　两种不同流动性的球化粉体对应涂层截面形貌**

（a）流动性为141.2 s/50 g的粉体；（b）流动性为25.2 s/50 g的粉体

　　两种不同流动性的球化粉体对应涂层断口形貌如图7.5所示。对于第一种涂层，涂层内部组织存在柱状晶和等轴晶，但柱状晶呈现的片层结构不明显，这是因为在沉积成涂层时，流动性差的粉体中细小颗粒完全熔化填充了涂层的孔隙，涂层组织完全搭接在一块，使得涂层组织特别致密，但也造成了涂层中"碎片"状的颗粒较多且热应力也大，存在较大裂纹。对于第二种涂层，涂层断口形貌如图7.5（b）所示。其内部组织无大裂纹存在且片层状结构更为明显，这是因为所用喷涂的粉体流动性好，熔化比较均匀，在沉积成涂层时组织分布和结构相差不大；明显的片层状结构则是因为粉体中空心粉体较多，沉积涂层后形成微界面使分层明显。

|　20.0 kV 15.9 mm × 1.00 k SE(M)　　　50.0 μm　|　20.0 kV 16.1 mm × 1.00 k SE(M)　　　50.0 μm　|
|（a）|（b）|

**图 7.5　两种不同流动性的球化粉体对应涂层断口形貌**

（a）流动性为 141.2 s/50 g 的粉体；（b）流动性为 25.2 s/50 g 的粉体

由上述对不同流动性的球化粉体制备的涂层组织分析可知，流动性差，则粉体在等离子体焰流中熔化状态差异大，形成涂层组织内部应力大，冷却过程中残余应力的释放致使大裂纹的形成；而流动性好的球化粉体，热喷涂时熔化比较均匀，形成的涂层组织结构较好，内部仍存在孔洞和微裂纹，但分布比较均匀，这有利于应力的均匀释放，不会出现较大裂纹。

### 7.1.3　球化粉体的空心率的影响

内部中空边缘致密的壳层粉体（空心粉体）的出现对涂层组织形貌有较大的影响。而粉体出现空心结构主要由团聚粉体的疏松多孔特征决定。有研究表明，喷雾干燥造粒煅烧后粉体的疏松多孔程度主要受喷雾干燥造粒前浆料的固含量影响。

图 7.6 为两种不同球化粉体在相同 APS 工艺参数下制备的涂层表面形貌。图 7.6（a）为空心粉体较多的喷涂粉制备的涂层，其表面不存在未熔结构，熔化的颗粒依次沉积堆积在基体上并铺展开形成较为平整的形貌。而空心粉体较少的喷涂粉制备的涂层，其表面粗糙，除了存在完全熔融的颗粒铺展形成的熔融结构外，还存在不少未熔或半熔融结构，如图 7.6（b）所示。造成两种涂层熔融状态产生差异的原因是，对于第一种粉体，其空心结构颗粒多较易吸热熔化，在相同的喷涂工艺条件下更易充分熔化，形成涂层展现的熔融状态；相反地，第二种空心粉体较少，熔化不充分，则形成粗糙表面。

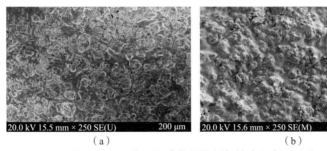

**图 7.6　两种不同球化粉体制备的涂层表面形貌**

（a）空心粉较多的粉体制备的涂层；（b）空心粉较少的粉体制备的涂层

两种不同球化粉体制备的涂层截面形貌如图 7.7 所示。观察截面形貌发现，两种涂层的孔隙分布均比较均匀，无集中的缺陷出现，陶瓷层与黏结层间界面结合良好，由孔隙率测试得到，第一种涂层孔隙率（21.5%）＞第二种涂层孔隙率（15.6%），这主要与热喷涂粉体中存在的空心球化粉体含量有关。空心球化粉体熔化沉积形成涂层时界面增多，易形成微裂纹和孔洞，故空心率高的粉体制备的涂层孔隙率也高。

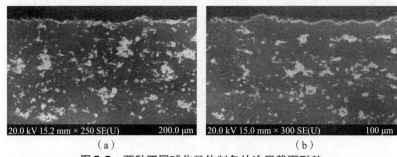

（a）　　　　　　　　　　　　　　（b）

**图7.7　两种不同球化粉体制备的涂层截面形貌**

（a）空心粉较多的粉体制备的涂层；（b）空心粉较少的粉体制备的涂层

两种不同球化粉体制备的涂层断口形貌及其高倍图如图7.8所示，可以清晰看到图7.8（a）组织中微界面较多，具有明显的片层状结构，熔化状态良好，无碎片状颗粒，其片层状的柱状晶厚度较小。图7.8（b）的涂层断口形貌显示，该涂层柱状晶组织间微界面较少，片层状结构较第一种涂层不明显，且有未完全熔化的颗粒碎片和明显裂纹存在。图7.8（c）、（d）为两种涂层的局部高倍图，除了典型的柱状晶存在外，两种涂层中都出现了等轴晶结构，这是因为空心粉体更易完全重熔形核形成的。其中图7.8（c）中等轴晶晶粒尺寸在400～800 nm，保留了纳米或亚微米级结构，图7.8（d）中的等轴晶晶粒基本在1 μm左右。

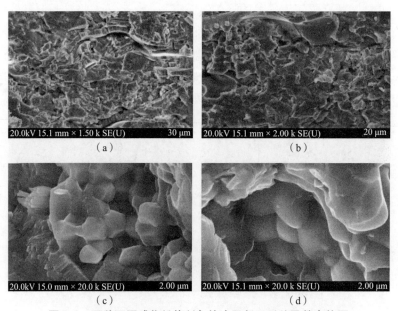

（a）　　　　　　　　　　　　　　（b）

（c）　　　　　　　　　　　　　　（d）

**图7.8　两种不同球化粉体制备的涂层断口形貌及其高倍图**

（a）空心粉较多的粉体制备的涂层；（b）空心粉较少的粉体制备的涂层；
（c）（a）图的高倍放大图；（d）（b）图的高倍放大图

由上述分析可知粉体空心率的高低对涂层组织形貌具有很大的影响，一般来说，空心粉体越多，在等离子体焰流中吸热熔化越充分，粉体空心区域形成内部微界面，故空心率越高的粉体制备的涂层微界面越多、孔隙率越高、片层结构也越明显。

## 7.2　不同喷涂功率下的涂层组织

涂层状态除了受粉末特性的影响外，与喷涂功率也密切相关。不同功能、不同材料的涂层对功率的需求也不尽相同[6]。为了研究不同喷涂功率下的稀土锆酸盐涂层状态，本节将选用 $Sm_2Zr_2O_7$ 粉末在高喷涂功率和低喷涂功率下进行喷涂，分析其形貌结构，等离子喷涂参数如表 7.1 所示[7]。

**表 7.1　等离子喷涂参数**

| 参数 | NiCrCoAlY | $Sm_2Zr_2O_7$ 热障涂层 | |
| --- | --- | --- | --- |
| | | 高功率 | 低功率 |
| 电流/A | 700 | 900 | 850 |
| 主气/SCFH | 120 | 90 | 75 |
| 辅气/SCFH | 10 | 35 | 40 |
| 载气/SCFH | 10 | 10 | 10 |
| 送粉速度/(g·min$^{-1}$) | 2 | 30 | 30 |
| 喷涂距离/mm | 75 | 75 | 75 |

### 7.2.1　高喷涂功率下的稀土锆酸盐涂层

高的喷涂功率可以使喷涂过程中的温度更高。图 7.9 为 $Sm_2Zr_2O_7$ 陶瓷粉体在高功率下制备的热障涂层截面形貌。可以看出，涂层陶瓷层均为层状结构，且结合致密。涂层的截面较为致密，涂层中裂纹尺寸较小，且不存在大尺寸孔隙，孔隙分布分散。涂层内部存在一定数量的微裂纹、小孔隙以及少量的大孔，大孔中明显观察到未熔粒子的存在，如图 7.9 (b) 所示，但涂层整体上呈现出致密的结合状态。同时，两涂层的陶瓷层与黏结层之间结合紧密，但在界面处仍存在少量的孔隙和裂纹，这些孔隙和裂纹是影响涂层结合强度的主要因素。对于热障涂层而言，等离子喷涂工艺过程决定了涂层中孔隙和裂纹是不可避免的[8]。然而，孔隙裂纹和横向裂纹有助于提高涂层的隔热能力，但大孔的存在可能导致涂层力学性能的下降，同时，垂直裂纹一方面容易成为热传导和氧化性气体的通道，对涂层的隔热性能不利，且加速黏结层的氧化；另一方面延缓了裂纹扩展，一定程度上改善涂层的韧性。涂层的致密与否是由喷涂用的 $Sm_2Zr_2O_7$ 粉体单个颗粒的内聚强度所决定的。而孔隙和坑洞的产生是由于陶瓷粉体熔点较高，且 $Sm_2Zr_2O_7$ 热导率低。喷涂过程中的颗粒难以充分熔化，在涂层沉积过程中熔融颗粒之间重叠不充分，而在涂层中形成较大孔隙。此外，喷涂过程中颗粒内部携带气体和迅速冷却导致气体无法逸出表面而在涂层内部产生孔隙。

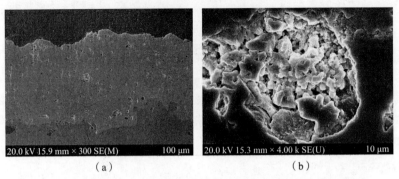

**图 7.9　Sm₂Zr₂O₇陶瓷粉体在高功率下制备的热障涂层截面形貌**

（a）截面图；（b）未熔颗粒

　　为进一步分析涂层的组织结构，对制备的涂层进行断口分析。高功率下制备的涂层断面形貌如图 7.10（a）所示。总体观察，层间孔隙较少，层与层之间部分紧密结合，也有明显的不完全接触和孔隙存在。各薄层内均存在明显的柱状晶粒，晶粒尺寸较大，最大可达 10 μm。这是由于在涂层沉积的过程中，熔融颗粒的凝固常常从熔融颗粒与已沉积凝固颗粒之间的界面处开始，在垂直于界面的方向散热最快，固液界面沿垂直于基体方向移动，从而造成各薄层内部的柱状晶沿垂直于金属基体的方向生长。层与层之间出现扩散生长，导致层与层之间分界线不明显。此外，涂层中存在由未熔颗粒形成的疏松的等轴组织。等轴组织的产生主要有两种途径：一是在喷涂过程中两颗粒撞击基体或者材料表面时差较小，且相互搭接在一起，颗粒温度都还处于高温状态，这样两颗粒之间不存在或者只存在较小的过冷度。在此条件下，两颗粒之间的组织或者其他颗粒就有可能生长为等轴组织。此外，另一种可能性为，当晶胚快速冷却，来不及长大也有可能成为等轴晶，但这需要很大的冷却速度，在一般喷涂条件下不太可能实现。二是那些从喷枪飞出没有经过焰流中心或者在焰流中心加热时间较短的颗粒，由于没有完全熔融，只是表面融化，那么其内部的颗粒就有可能保持下来成为等轴组织。如图 7.10（b）所

**图 7.10　高功率下制备的涂层形貌**

（a）断口形貌；（b）断口等轴组织

示，该组织便是第二种疏松的等轴组织，由于粉体颗粒变形小而不够致密，常常有大量孔隙聚集，为微裂纹的萌生创造条件。因此，不利于涂层的性能提高。但正由于粉体颗粒过熔，因此层与层间结合致密，涂层内部结合性能较好。

## 7.2.2　低喷涂功率下的稀土锆酸盐涂层

根据高功率下制备的涂层形貌特征可以判断涂层存在过熔现象，由于过熔导致晶粒完全长大，涂层中纳米等轴晶粒分布太少。为增加涂层中的纳米等轴组织，在低功率下，通过降低电流并提高辅气，使颗粒熔融程度降低，同时提高颗粒飞行速度，为纳米等轴组织的形成创造条件。

等离子喷涂涂层的表面形貌特征较为清楚地反映出涂层的内在形成机理[9]。在涂层的形成过程中，粉体颗粒通过送粉器进入枪体内。在被高压气体携带的同时，在枪体内的高温环境下受热处于熔融或者半熔融状态，随后被高压焰流携带并冲击到基体材料表面，粉体颗粒与基体材料表面撞击并发生变形，然后迅速冷却、收缩，呈扁平状铺展在基体材料表面。后续的颗粒连续不断地从喷枪内高速射出并重复以上过程，最终通过陶瓷颗粒与基体材料以及颗粒之间的相互搭接一起形成了涂层。

图 7.11 为 $Sm_2Zr_2O_7$ 陶瓷粉体在低功率下制备的涂层表面形貌。可以看出，涂层局部地方集中出现了一些未熔颗粒，这主要是由于在喷涂过程中 $Sm_2Zr_2O_7$ 熔点较高，有些颗粒由于从喷枪喷出后处于焰流的边缘位置或者在焰流中心停留时间太短导致粉体只是部分熔融。同时又由于 $Sm_2Zr_2O_7$ 热导率低、隔热性能优良，从而使粉体内部的小颗粒来不及完全熔化，最终在涂层表面形成一些未熔颗粒。此外，涂层表面存在一些孔隙和裂纹。孔隙的产生一方面是因为部分陶瓷颗粒在形成涂层的过程中变形不充分，陶瓷颗粒间易产生空隙，并导致涂层表面凹凸不平；另一方面是由于等离子喷涂过程中，在熔融颗粒内部会混有一些空气，而熔融颗粒在快速冷凝的过程中，一部分气体会析出到涂层表面，形成一些小孔隙。此外，$Sm_2Zr_2O_7$ 陶瓷的脆性和陶瓷液冷却收缩时产生的较大的应力使涂层表面产生裂纹。

（a）　　　　　　　　　　　　　　（b）

**图 7.11　$Sm_2Zr_2O_7$ 陶瓷粉体在低功率下制备的涂层表面形貌**

（a）表面生粉组织；（b）表面孔隙和裂纹

图 7.12 （a）为 $Sm_2Zr_2O_7$ 陶瓷粉体在低功率下制备的涂层截面形貌。由于降低了喷涂功率，增大了辅气，粉体熔融程度降低，喷射在基体材料表面时不能充分地重叠在一起。涂层孔隙率如表 7.2 所示，粉体在高低功率下制得的涂层孔隙率均高于 10%，且低功率下制备的涂层孔隙数量和大小均高于高功率下所制备的涂层。这主要是由于降低功率使粉体熔融状态降低，颗粒与颗粒之间不能充分重叠，从而造成孔隙和裂纹增加。特别地，低功率下制备的涂层的截面形貌中分布有大量横向裂纹，这会极大地降低涂层的性能。对于热障涂层而言，一定量的纵向孔隙可以提高涂层的隔热性能，但较大的孔隙有可能萌生出裂纹，会在一定程度上降低涂层的力学性能。

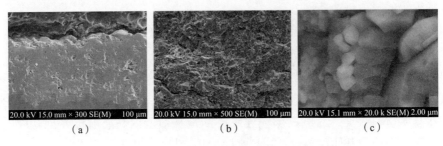

（a） （b） （c）

**图 7.12 $Sm_2Zr_2O_7$ 陶瓷粉体在低功率下制备的涂层形貌**

（a）涂层截面形貌；（b）涂层断口形貌；（c）涂层断口等轴组织

**表 7.2 高功率和低功率下制备的热障涂层孔隙率**

| 粉体名称 | 孔隙率/% | |
|---|---|---|
| | 高功率 | 低功率 |
| $Sm_2Zr_2O_7$ | 12.5 | 14.3 |

粉体原始煅烧工艺对涂层的致密度有一定影响，且涂层随着煅烧温度的提高而致密化。此外，降低喷涂功率、提高粉体飞行的速度会造成纳米级和亚微米级粉体熔融状态变差，而使涂层中孔隙和坑洞增加，影响涂层的性能。

低功率下制备的涂层断口形貌如图 7.12 （b）所示。随着喷涂功率的降低、粉体飞行速度的提高，颗粒的熔融状况下降，颗粒与颗粒之间不能很好地重叠在一起。所以三种涂层断面组织中都存在大量的裂纹，且尺寸较大。与此同时，各涂层断口组织中也存在多处等轴组织。在高倍数下观察发现，未煅烧纳米级粉体所制备的涂层中的等轴组织较为致密，且尺寸较小，在 $100 \sim 200$ nm。纳米级粉体所制备涂层中等轴组织也很致密，粒径尺寸则偏大，在 500 nm 左右。而在亚微米级粉体所制备的热障涂层中多为未熔颗粒所形成的疏松的等轴组织。

综上所述，高的喷涂功率和低的辅气速度有利于颗粒熔融，从而得到层与层之间结合良好的微观组织结构，但高功率下颗粒中晶粒完全长大为柱状晶，等轴组织分布较少。降低喷涂功率后，等轴组织分布明显增多，在 7.3 节中，将使用低功率，分别制备 $Sm_2Zr_2O_7$ 和 $(La_{0.4}Sm_{0.5}Yb_{0.1})_2Zr_2O_7$ 涂层，并对其性能进行分析。

# 7.3　等离子喷涂稀土锆酸盐涂层性能

涂层性能优劣是决定涂层能否应用的最重要因素。前面章节设计并制备了多种复杂稀土锆酸盐材料，但材料性能与涂层性能相差较大，还需对所设计的复杂稀土锆酸盐材料涂层性能进行分析。在本节中，将分别对 $Sm_2Zr_2O_7$ 和 $(La_{0.4}Sm_{0.5}Yb_{0.1})_2Zr_2O_7$ 涂层的结合性能、隔热性能和热冲击性能进行分析。

## 7.3.1　稀土锆酸盐涂层的结合性能

结合强度是表征涂层力学性能的重要参数之一，是保证涂层能够用于热端部件的基本要求。涂层的结合强度包括两层含义：一是指涂层内部颗粒之间的结合强度，即内聚力；二是指涂层与黏结层或基体间的结合强度[10]。

新型稀土锆酸盐热障涂层结合强度的测试结果表明，$(La_{0.4}Sm_{0.5}Yb_{0.1})_2Zr_2O_7$ 涂层的结合强度为 12 MPa，比 $Sm_2Zr_2O_7$ 涂层的强度 10 MPa 略高。涂层的结合强度主要受其微观结构及内部热应力等因素影响，对两种热障涂层的微观组织进行观察发现，二者拉伸断口的形貌相似，此处仅以 $(La_{0.4}Sm_{0.5}Yb_{0.1})_2Zr_2O_7$ 为例对涂层断口形貌加以说明。两种涂层的断口均表现为阶梯状形貌［图 7.13（b）］，各层间结合较为紧密，个别区域还存在成团的未熔颗粒［图 7.13（c）］和等轴晶组织［图 7.13（d）］，其内部相对疏松，无异于在涂层中增加了大量的孔隙。

**图 7.13　$(La_{0.4}Sm_{0.5}Yb_{0.1})_2Zr_2O_7$ 涂层拉伸断口**

（a）宏观形貌；（b）层间断裂；（c）未熔颗粒；（d）等轴晶组织

特别地，由 $(La_{0.4}Sm_{0.5}Yb_{0.1})_2Zr_2O_7$ 热障涂层的拉伸断裂整体形貌 ［图7.13（a）］
可以看到，热障涂层的断裂主要发生在陶瓷层与黏结层界面处，这说明陶瓷层与黏结
层间的热应力是影响涂层结合强度的主要因素。界面处热应力 $\sigma$ 的大小可以由两材料
间热膨胀系数的差异 $\Delta\alpha$ 加以衡量，表示为

$$\sigma = \Delta\alpha \cdot T \cdot E \qquad\qquad (7.1)$$

式中，$E$ 为弹性模量。由式（7.1）可知，陶瓷层与黏结层间的热膨胀系数差异越小，界
面处的热应力越小。$(La_{0.4}Sm_{0.5}Yb_{0.1})_2Zr_2O_7$ 材料的本征热膨胀系数明显高于 $Sm_2Zr_2O_7$，较
高的热膨胀系数使 $(La_{0.4}Sm_{0.5}Yb_{0.1})_2Zr_2O_7$ 陶瓷层与黏结层之间的热膨胀性能差异减
小，界面处产生的热应力也相对较小，当涂层受到拉应力作用时，因界面处应力集中
而导致裂纹萌生和扩展的概率相对较低，提高了界面处的结合强度，因此，相对于
$Sm_2Zr_2O_7$ 涂层而言，$(La_{0.4}Sm_{0.5}Yb_{0.1})_2Zr_2O_7$ 涂层表现出了较高的结合强度。但陶瓷与
金属在热膨胀系数等物理性能上的差异导致 $Sm_2Zr_2O_7$ 和 $(La_{0.4}Sm_{0.5}Yb_{0.1})_2Zr_2O_7$ 涂层的
失效方式以界面断裂为主。同时，$(La_{0.4}Sm_{0.5}Yb_{0.1})_2Zr_2O_7$ 涂层内部的结合强度为28
MPa，明显高于陶瓷层与黏结层间的结合强度12 MPa，也进一步证明由热膨胀性能差
异引起的热应力是控制涂层结合强度的主要因素，稀土锆酸盐涂层的结合强度可以通
过在陶瓷层与黏结层之间设计成分过渡层的方式加以改善[11]。

## 7.3.2    稀土锆酸盐涂层的隔热性能

$Sm_2Zr_2O_7$ 和 $(La_{0.4}Sm_{0.5}Yb_{0.1})_2Zr_2O_7$ 热障涂层的热导率随温度的变化曲线如图
7.14所示。从图中可以看出，孔隙率相当的 $Sm_2Zr_2O_7$ 和 $(La_{0.4}Sm_{0.5}Yb_{0.1})_2Zr_2O_7$ 涂
层，在排除孔隙率对涂层隔热性能影响的前提下，$(La_{0.4}Sm_{0.5}Yb_{0.1})_2Zr_2O_7$ 涂层仍表现
出比 $Sm_2Zr_2O_7$ 涂层更好的隔热效果，这主要是由 $(La_{0.4}Sm_{0.5}Yb_{0.1})_2Zr_2O_7$ 陶瓷本身的
低热导特性决定的。与材料各自的本征热导率相比，两种涂层的热导率均有大幅降低，
这是因为涂层中存在一定含量的气孔，低温条件下气孔的热导率很低，几乎处于绝热

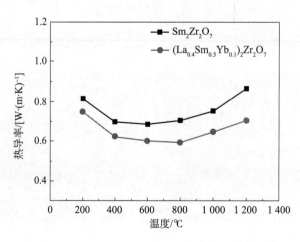

图7.14　$Sm_2Zr_2O_7$ 和 $(La_{0.4}Sm_{0.5}Yb_{0.1})_2Zr_2O_7$ 热障涂层的热导率随温度的变化曲线

状态，有效地阻隔了材料中的热传递，且气孔的存在相当于在基体材料中引入异质界面，加剧载流子的散射作用。因此，稀土锆酸盐涂层的热导率低于其材料本征的热导率。

然而，当温度高于 800 ℃时，由于光子导热作用的增强，两种涂层的热导率均出现明显回升，其上升幅度比相应的本征材料热导率的升高幅度更大。这是由于低温下热导率很低的气孔在高温下对光子几乎呈透明状态[12]，有利于光子的热传递，加之气孔内气体因对流作用也会加强传热，从而导致涂层的光子热导率快速升高，进而增大了高温下其热导率的上升幅度。这也是在基于光子导热进行材料体系设计时，未选择与基体材料折射率差别很大的气孔作为添加相的主要原因。另外，对复合材料光子热导率的研究结果表明，只有在满足一定含量及粒度要求时，第二相材料才能够有效阻隔光子的热传递，因此，虽然气孔的存在引入一定的异质界面，使载流子的散射增强，但此时涂层中气孔的存在状态并不能使其成为抑制光子导热的理想添加相，而起到降低涂层光子热导率的作用。尽管高温下涂层的热导率出现大幅回升，但其值仍比相应的本征热导率要低，这是由涂层的低声子热导率决定的，该结果表明相对于光子热导率而言，气孔对声子热导率的降低作用更为显著。

在 $Sm_2Zr_2O_7$ 和 $(La_{0.4}Sm_{0.5}Yb_{0.1})_2Zr_2O_7$ 涂层内部均发现了等轴组织的存在，等轴组织对热导率的降低作用主要有以下两个方面：首先，等轴组织晶粒细小，属于亚微米级，晶粒间存在大量界面，导致声子散射加剧，对热传导具有阻碍作用；其次，涂层中的大部分等轴组织结构松散，在等轴组织内部存在着大量的微裂纹和细小孔隙，这些缺陷的存在同样可以增强对声子的散射作用，对降低涂层的热导率有益，这也是保证 $Sm_2Zr_2O_7$ 和 $(La_{0.4}Sm_{0.5}Yb_{0.1})_2Zr_2O_7$ 涂层具有低热导率的原因。

### 7.3.3　稀土锆酸盐涂层的热冲击性能

图 7.15（a）和图 7.16（a）分别为 $Sm_2Zr_2O_7$ 和 $(La_{0.4}Sm_{0.5}Yb_{0.1})_2Zr_2O_7$ 热障涂层在 800 ℃下水淬热冲击的整体形貌，$Sm_2Zr_2O_7$ 和 $(La_{0.4}Sm_{0.5}Yb_{0.1})_2Zr_2O_7$ 涂层分别在热震 50 次和 60 次后失效，失效形式均为边缘处的涂层剥落。对涂层剥落处进行 EDS（能谱仪）能谱分析可知，断口表面有 Ni、Al、Cr、Co 等金属元素的存在［图 7.15（b）和图 7.16（b）］，说明稀土锆酸盐涂层在接近陶瓷层与黏结层界面处发生剥落，这是等离子喷涂热障涂层的主要失效形式之一[13-14]。

$Sm_2Zr_2O_7$ 和 $(La_{0.4}Sm_{0.5}Yb_{0.1})_2Zr_2O_7$ 涂层的热冲击试样截面组织微观形貌如图 7.17 所示，可以看到，热冲击后涂层的陶瓷层内部存在较多裂纹、大孔以及疏松组织，而在靠近陶瓷层与黏结层界面处存在许多水平大裂纹并贯穿陶瓷层内部，且 $Sm_2Zr_2O_7$ 涂层界面处的水平裂纹明显比 $(La_{0.4}Sm_{0.5}Yb_{0.1})_2Zr_2O_7$ 涂层中相应位置的水平裂纹要大。水平裂纹的出现是由于陶瓷层与黏结层的热膨胀系数不同引起的轴向应力的作用。由于 $(La_{0.4}Sm_{0.5}Yb_{0.1})_2Zr_2O_7$ 的热膨胀系数高于 $Sm_2Zr_2O_7$，$Sm_2Zr_2O_7$ 涂层与黏结层间的热匹配性不及 $(La_{0.4}Sm_{0.5}Yb_{0.1})_2Zr_2O_7$ 涂层，因而 $Sm_2Zr_2O_7$ 涂层界面处

（a）

（b）

（c）

**图 7.15　$Sm_2Zr_2O_7$ 热障涂层热冲击断裂形貌**

（a）宏观形貌；（b）断口表面形貌；（c）（b）中所示区域 EDS 图谱

（a）

（b）

（c）

**图 7.16　$(La_{0.4}Sm_{0.5}Yb_{0.1})_2Zr_2O_7$ 热障涂层热冲击断裂形貌**

（a）宏观形貌；（b）断口表面形貌；（c）（b）中所示区域 EDS 图谱

存在着更大的轴向应力作用。在热冲击过程中，轴向应力对孔隙扩张和压缩的循环作用，容易在孔隙的边缘形成应力集中，导致微裂纹的产生，$Sm_2Zr_2O_7$ 涂层中较大轴向应力的作用使得其内部微裂纹扩展速度更快，并沿水平方向生长，将水平方向上的孔隙连在一起，从而在界面处形成较大的水平方向裂纹，导致 $Sm_2Zr_2O_7$ 涂层过早失效，抗热冲击性能低于 $(La_{0.4}Sm_{0.5}Yb_{0.1})_2Zr_2O_7$ 涂层。因此，稀土锆酸盐涂层中陶瓷层与黏结层的热物理性能差异所引起的热应力是影响涂层热冲击性能的主要因素，也是导致涂层在界面处剥落失效的主要原因，提高陶瓷层材料本身的热膨胀性能，减少界面处及涂层内部的缺陷，降低裂纹萌生和扩展的机会，是改善涂层抗热冲击性能的有效途径[15-17]。

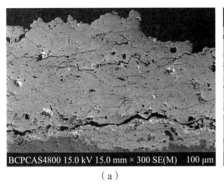

（a）　　　　　　　　　　　　　　（b）

**图 7.17　$Sm_2Zr_2O_7$ 和 $(La_{0.4}Sm_{0.5}Yb_{0.1})_2Zr_2O_7$ 涂层的热冲击试样截面组织微观形貌**

（a）$Sm_2Zr_2O_7$；（b）$(La_{0.4}Sm_{0.5}Yb_{0.1})_2Zr_2O_7$

## 本 章 小 结

本章介绍了等离子喷涂稀土锆酸盐涂层的组织形貌及其性能，并详细分析了不同的粉体特征及喷涂参数对涂层形貌及性能的影响，方便读者根据不同需求选择相应的粉体及喷涂参数进行喷涂。此外，对涂层的结合性能、隔热性能及热冲击性能与其组织形貌之间的关系进行了阐述，便于读者更好地理解涂层获得优良性能的原因。

## 参 考 文 献

[1]　王振廷，孙俭峰，王永东. 材料表面工程技术［M］. 哈尔滨：哈尔滨工业大学出版社，2011.

[2]　高斌，王全胜，柳彦博，等. 感应等离子球化 $Sm_2Zr_2O_7$ 粉末涂层性能研究［J］. 热喷涂技术，2015（4）：31-36.

[3]　钟良，侯力，古忠涛. 射频感应等离子体制备球形氧化铝的工艺研究［J］. 强激光与粒子束，2014（8）：317-322.

［4］ CHRASKA T, KING A H. Growth of columnar grains during zirconia-yttria splat solidification ［J］. Journal of materials science letters, 1999, 18 (18)：1517 – 1519.

［5］ 唐文军, 傅正义, 张金咏, 等. $TiB_2/Al_2O_3$ 复合粉体的喷雾干燥造粒与特性研究 ［J］. 陶瓷学报, 2006 (4)：370 – 375.

［6］ 王先逵. 表面等离子喷涂全套技术 ［M］. 北京：机械工业出版社, 2010.

［7］ WU H X, MA Z, LIU L, et al. Thermal cycling behavior and bonding strength of single-ceramic-layer $Sm_2Zr_2O_7$ and double-ceramic-layer $Sm_2Zr_2O_7/8YSZ$ thermal barrier coatings deposited by atmospheric plasma spraying ［J］. Ceramics international, 2016, 42 (11)：12922 – 12927.

［8］ 武建军, 曹晓明, 温鸣. 现代金属热喷涂技术 ［M］. 北京：化学工业出版社, 2007.

［9］ 周庆生. 等离子喷涂技术 ［M］. 南京：江苏科学技术出版社, 1982.

［10］ VASSEN R, CAO X Q, TIETZ F, et al. Zirconates as new materials for thermal barrier coatings ［J］. Journal of the American Ceramic Society, 2000, 83 (8)：2023 – 2028.

［11］ WANG L, WANG Y, SUN X. Preparation of 8YSZ and double-ceramic-layer $La_2Zr_2O_7/$ 8YSZ thermal barrier coatings on GH4169 superalloy substrates and their static high temperature oxidation behaviour ［C］. 2012.

［12］ KELLY M J, WOLFE D E, SINGH J, et al. Thermal barrier coatings design with increased reflectivity and lower thermal conductivity for high-temperature turbine applications ［J］. International journal of applied ceramic technology, 2006, 3 (2)：81 – 93.

［13］ PADTURE N P, GELL M, JORDAN E H. Thermal barrier coatings for gas-turbine engine applications ［J］. Science, 2002, 296：280 – 284.

［14］ BISSON J F, FOURNIER D, POULAIN M, et al. Thermal conductivity of yttria-zirconia single crystals, determined with spatially resolved infrared thermography ［J］. Journal of the American Ceramic Society, 2000, 83：1993 – 1998.

［15］ ZHANG H S, SUN K, XU Q, et al. Preparation and thermophysical properties of $Sm_2(Zr_{0.7}Ce_{0.3})_2O_7$ ceramic ［J］. Advanced engineering material, 2008, 10：139 – 142.

［16］ ZHANG H S, SUN K, XU Q, et al. Thermal conductivity of $(Sm_{1-x}La_x)_2Zr_2O_7$ ($x =$ 0, 0.25, 0.5, 0.75 and 1) ［J］. Journal of rare earths, 2009, 27 (2)：222 – 226.

［17］ 张红松, 时蕾, 杨树森, 等. 高能等离子喷涂 $Sm_2Zr_2O_7$ 热障涂层及其热冲击性能材料 ［J］. 热处理学报, 2011, 32 (2)：112 – 117.

# 第8章

# 飞行器中超高温环境的成因及特点

仰望星空，时常会看到划过夜空的流星，在夜空中闪烁着耀眼的光芒，又很快消失在人们的视野中。流星之所以绚烂而短暂，是因为这些外太空"来客"以 1 172 km/s 左右的速度进入大气层，与空气剧烈地摩擦，其动能转化为热能，温度急剧升高，使得流星在大气中发生激烈的物理化学变化，如燃烧、熔化、汽化、电离以及氧化等，伴随着流星体的运动形成了我们看到的星雨。这是大自然物质在天体运行过程中发生"气动加热"物理现象。同样，当飞行器在大气层中以高超声速飞行时，周围的气体在飞行器表面形成激波层，当高速气流在流经该激波层时受到压缩，导致大量动能转化为热能并使得气流温度急剧升高。同时当激波层内的部分气体传递至飞行器表面时，与飞行器表面产生的剪切力导致该部分气体温度升高，由于该部分气体的温度远高于飞行器表面自身温度，因此该部分气体与飞行器表面发生对流传热作用，导致飞行器表面温度升高，产生所谓的气动加热效应，形成飞行器在高超声速飞行过程中特有的超高温环境。

## 8.1　高超声速飞行器发展历程

高超声速飞行器作为未来航空航天技术新的制高点，在实现快速远程输送、精确打击、远程实时侦察、持久高空监视、情报收集和通信中继等方面具有不可替代的战略意义[1]。目前典型的高超飞行器可以分为三类，如图 8.1 所示：可重复使用轨道机动式（single stage to orbit，SSTO；two stage to orbit，TSTO）、高超声速助推滑翔式（hypersonic technology vehicle，HTV）和高超声速巡航式（hypersonic cruise vehicle，HCV）。

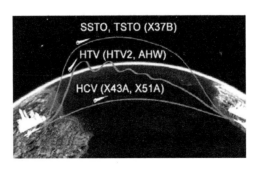

**图 8.1　三类典型的高超飞行器**

20 世纪 60 年代，由美国率先开始对高超声速飞行器的探索与研制。20 世纪 70 年代，美国成功研发出 X-15 高超声速验证机，其最大飞行速度为 6.72$Ma$，最大飞行高度为 108 km。1986 年美国开始实施 NASP（National Aero-Space Plane，国家航空航天飞机计划）计划，意图实现空天飞机的研制，仅 NASA Langley 研究就开展了近 3 200 次实验，为后续高超声速飞行器的研制打下了坚实的技术基础。1996 年，NASA 提出 Hyper-X 计划，研制小尺寸高超声速飞行验证机 X-43，计划进行飞行高度 29~36 km，马赫数为 5、7、10 的飞行实验，2004 年成功完成马赫数 7 和 10 的飞行实验。除 Hyper-X 外，美国空军在 Hy-Tech 研究基础上提出高超声速巡航导弹计划，代号为 X-51A。以 Hyper-X 和 X-51A 为代表的各类验证机接连获得试飞成功意味着高超声速技术已经进入技术应用开发阶段[2,3]。

1999 年，NASA 和波音公司开始研制 X-37 项目，它是一种成本较低、可重复使用的空天飞机。2004 年，X-37 项目由美国空军接手，截止到 2011 年，X-37 已进行两次试飞（图 8.2）。

图 8.2　X-37B 空天飞机概念图

俄罗斯以及苏联在高超声速技术领域一直以来也进行了大量的探索，开展了彩虹（RADUGA-D2）计划、针（IGLA）计划和鹰计划等。彩虹高超声速实验飞行器飞行高度 15~30 km，飞行马赫数 2.5~6，最大速度持续时间 70 s，用降落伞系统回收。针计划的高超声速实验飞行器飞行马赫数 6~14，类似于美国的 Hyper-X 飞行器。鹰计划目标是研制一种带翼的高超声速实验飞行器，计划装备 200 kg 重的超燃冲压发动机，飞行马赫数 6~14，被认为是俄罗斯高超声速战略巡航导弹的雏形。

除了美、俄以外，法国、德国、印度、日本等长期以来也一直在致力于高超声速技术和高超声速飞行器的研制，并取得了一定的阶段性成果。我国近年来也在不断大力支持高超声速飞行器技术的研究和发展[4]。世界各国高超声速飞行器研究计划如图 8.3 所示。

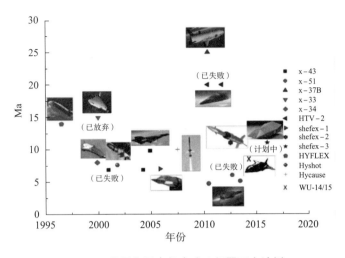

图 8.3　世界各国高超声速飞行器研究计划

## 8.2　高超声速飞行器与环境相互作用方式及机理

随着高超声速飞行器的发展，其飞行速度进一步提高，当其在大气层中以高超声速飞行时，其周围的空气受到强烈的压缩和剧烈的摩擦作用，大部分动能转化为热能，致使飞行器周围的空气温度急剧升高[5]。此高温气体和飞行器表面之间产生很大的温差，部分热能迅速以对流传热形式向飞行器表面传递，促使飞行器表面温度升高，在飞行器表面形成超高温气动加热环境。在飞行过程中，气动加热量的大小一般采用单位面积、单位时间高温气体传递给物面的热量（即热流密度）来表示。由于气动加热作用本质上是一种动能向热能的转化过程，因此该作用产生的热量与飞行器速度密切相关[6]。飞行器表面的热流密度近似随飞行速度的三次方快速增长，并与大气密度呈现正比关系。图 8.4 为直径 1 inch（2.5 cm）的球体在三种不同轨道飞行器上表面热流密度与时间的关系。

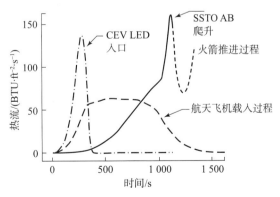

图 8.4　直径为 1 inch（2.5 cm）的球体在三种
不同轨道飞行器上表面热流密度与时间的关系

图 8.4 中三条曲线分别代表载人航天飞行器的近地轨道再入、单级轨道吸气式飞行器上升阶段和航天飞机轨道器下降过程三种不同飞行过程中飞行器表面热流随时间的变化过程[7]。从图 8.4 中可以看出，近地轨道再入过程中，球体表面热流在很短的时间内达到最大值而后降低并趋于稳定；而航天飞机轨道器在较长时间内球体表面仍保持着最大的热流密度。由此可见，在不同的飞行环境过程中，飞行器表面的热流呈现不同的随时间变化规律，并形成不同的热环境。在相同的飞行过程中，高超声速飞行器热环境仍然是复杂的。高温气流的对流加热（气动加热）、飞行器表面向外辐射的热流量、蒙皮内部热传导、太阳直接热辐射被飞行器表面所吸收的热流量、地球表面辐射被飞行器所吸收的热流量、大气反射太阳光线被飞行器所吸收的热流量和边界层内多组元混合气体的热扩散等多种因素对飞行器表面气动热环境呈现综合作用。

## 8.3　飞行器超高温环境特点

从气动加热角度来看，高超声速飞行器经历的受热过程是一个持续、非瞬态的过程，有高焓、中低热流值和持续时间长的特点，而且持续气动加热过程是一个涉及多方面、多个环节的耦合过程[8-9]。飞行器在高马赫数飞行时受到复杂的气动载荷作用，使得气流与飞行器表面发生接触摩擦，在飞行器表面形成气动加热流场，使得气体温度升高。在这种高温环境下，不仅空气本身会发生离解和电离反应，而且高温空气组元亦会与飞行器表面材料发生复杂的化学反应。因此，研究高超飞行器的气动加热流场对实现优化飞行器结构设计和热防护材料的设计制备具有重要意义。

**1. 流场分布**

以高超声速飞行的钝头飞行器，其前方存在弓形激波，如图 8.5 所示。气动加热就是由于激波后高温气流流经物体时产生的加热现象。因而要进行气动加热研究，首先要了解飞行器周围的流场特性，确定流场分布条件。20 世纪初，普朗特提出了边界层的概念，认为小黏性系数的流体流过物面时，黏性对物面的影响主要在靠近物体表面的区域内。从这一概念出发，其将物体周围的流场分成了两个不同的区域：紧靠物面的薄层称为边界层，在这一层内，黏性力起主要作用，剪切和传热是主要的物理现象。在这一层之外的区域，黏性力不强，可以忽略剪切和传热效应，通常把它视作无黏流场。边界层厚度的确切量，无法在理论上精确确定。通常将由壁面到流体速度急剧地变到速度为外流速度的 95% 处的距离称为边界层厚度。边界层外为无黏流，边界层内由于流体黏性的作用，顺着流动方向，边界层厚度逐渐增加[10-11]。

在高超声速气流中，在靠近物面的薄层内，由于高速边界层内黏性摩擦力的作用，在产生速度梯度的同时还把气体的动能不可逆地转变为热能，使得此薄层内存在明显的温度梯度。类比于速度边界层的概念，把存在温度梯度的这一薄层流场称为温度边界层（图 8.6）[12]。温度边界层的厚度是由物面起沿法向到与当地外流温度数值相近处的距离。

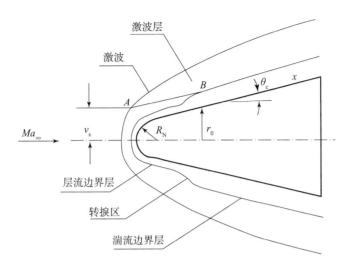

**图 8.5　超声速钝锥体绕流流场示意图**

$Ma_\infty$—来流马赫数；$r_s$—激波高度；$R_N$—端头半径；$r_0$—头部半锥角；下标"$\infty$"来流条件

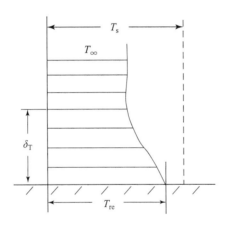

**图 8.6　温度边界层**

图 8.6 中，$T_{re}$ 为绝热壁温，$T_\infty$ 为来流静温，$T_s$ 为总温，$\delta_T$ 为温度边界层厚度。由于温度边界层中存在温度梯度，必然产生热量传递，这就使得边界层内实际温度分布与速度边界层各层气流受到不同程度滞止时所形成的温度分布不一样。一般温度边界层的厚度大于速度边界层厚度，只是在普朗特数和路易斯数接近于 1 时，两种边界层厚度才可视为相同。

**2. 流场特点**

飞行器以高超声速在大气层中飞行时，空气受到强烈压缩形成了弓形激波和高温气体层，有如下两个特点[13-14]：一是随着空气温度升高，气体分子的平动、转动和振动自由度被激发，以致发生离解和电离等现象，空气成了由分子、原子、离子和电子组成的多组元混合气体，这时空气的性质与亚声速流动遵循的理想气体性质有很大差异。因此，在高超声速流动中，尤其是在高温气体边界层流动中一般按真实气体确定流场性质。二是高温气流引起边界层增厚（远比低速下同一雷诺数的边界层厚），从而出现边界层与无黏流场的相互干扰效应。干扰之一是边界层增厚相当于改变了物体的有效气动外形，产生了诱导压力。干扰之二是在强的弓形激波后出现很大的熵梯度，当它产生的旋涡足够大时，边界层的结构不仅取决于外缘流动速度分布，而且受外缘上速度梯度分布的影响，若无黏流因熵层产生的速度梯度与边界层里因剪切引起的速度梯度达到量级相同，这种熵效应也十分重要。

高速气流经过强激波时，气流的能量将发生很大的变化，与此同时能量在平动、转动、振动、电子激发等微观自由度之间的分配将重新进行调整。能量交换过程需要的时间叫作化学反应松弛时间[15-16]。不同的能量形式，完成其松弛过程需要的分子碰撞次数不同，如平动需要 10 次碰撞达到平衡，转动需 $10^2$ 次，而振动则需 $10^4 \sim 10^5$ 次碰撞。在高温气流中，当化学反应的松弛时间短于流动特征时间时，气体状态称为热力学平衡状态，该流动称为化学平衡流，流体的热力学性质完全由当地的瞬时物理状态决定。当化学反应的松弛时间比流动特征时间长得多时，该流动称为化学冻结流。当化学反应松弛时间可以和流动特征时间相比较时，出现化学不平衡状态，该流动称为非平衡流。不同的流动状态对气动加热的影响是不同的。由于分子发生碰撞所需的时间随着密度的降低而增加，这就使高空化学反应松弛时间与高飞行速度具有的流动特征时间可能变得可比，因此，一般在高空存在发生化学非平衡流的条件，而低空则往往表现为化学平衡流状态[17-18]。

针对高超声速飞行器在相关气动流场作用下的表面气动热量，以再入飞行器为例进行估算。地球轨道飞行器和其他星球探测器的再入速度约为第一、第二宇宙速度，洲际弹道导弹弹头的再入速度为 7 km/s 左右[19-20]。再入时飞行器具有很高初始动能。同时在地球引力场中，还具有所处再入高度上的位能。随高度下降，位能的变化将转化为动能。飞行器再入到达地面过程中，总能量的变化表现为对周围大气做功，其中一部分功转化为热能。例如在 300 km 高度圆形轨道飞行的飞行器动能约为 $3 \times 10^4$ kJ/kg，由此可见再入过程中气动加热问题的严重性[21-22]。

对于飞行器再入过程中气动加热量的大小和主要决定因素，可以采用 J. D. Anderson 近似估算公式来说明，在不考虑气动加热细节的前提下，高超声速飞行器表面热流密度 $q_w$ 的估算公式为[23-25]

$$q_\omega = \rho_\infty^N v_\infty^M C \tag{8.1}$$

式中，$q_\omega$ 为表面热流密度，$W/cm_2$；$\rho_\infty$ 为自由流密度，$kg/m^3$；$v_\infty$ 为自由流速度，$m/s$。

$N$、$M$、$C$ 根据不同情况取不同数值：

对于驻点：$M=3$；$N=0.5$；$C=1.83 \times 10^{-8} R^{-0.5} \left(1 - \dfrac{h_\omega}{h_0}\right)$

式中，$R$ 为头部半径；$h$ 为热焓。下标 $\omega$、0 分别表示壁焓和总焓。

对于层流板：$M=3.2$；$N=0.5$；$C=2.53 \times 10^{-9} (\cos \phi)^{0.5} (\sin \phi) X^{-0.5}$ $\left(1 - \dfrac{h_\omega}{h_0}\right)$

式中，$\phi$ 为相对于自由流向的相对角度；$X$ 为沿物面的距离，m。

对于湍流平板：$N = 0.8$

当 $v_{\infty} \geq 3\,962$ m/s 时，$M = 3.7$；$C = 2.2 \times 10^{-9}\,(\cos \phi)^{2.08}\,(\sin \phi)^{1.6}\,X_T^{-0.2}$ $\left(1 - 1.11\dfrac{h_{\omega}}{h_0}\right)$

当 $v_{\infty} \leq 3\,962$ m/s 时，$M = 3.7$；$C = 3.89 \times 10^{-8}\,(\cos \phi)^{1.78}\,(\sin \phi)^{1.6}\,X_T^{-0.2}$ $\left(1 - \dfrac{h_{\omega}}{h_0}\right)\left(\dfrac{T_{\omega}}{556}\right)^{-0.25}$

式中，$X_T$ 为湍流边界层中沿物面距离，m。

由式（8.1）的近似公式可知：

（1）飞行器表面热流密度近似随飞行速度的三次方快速增长，相对而言，气动阻力近似与速度平方成正比，可见气动加热受飞行速度影响较大。所以在高超声速飞行器设计中，气动加热问题更为突出。

（2）热流密度随大气密度变化，两者呈正比关系。速度一定时，飞行高度越高，气动热越小；飞行高度越低，气动热越大。

（3）热流密度在飞行器驻点处最大，它与头部半径的次方成反比，头部半径大，热流密度小。早期的导弹、航天飞机等都采用较大的头部半径，以减小表面热流密度。

（4）飞行器再入过程中，表面流态将从层流转变成湍流，随之而来的是表面热流密度的增加，同一位置将会增大数倍。

另外，飞行器再入气动热环境与飞行高度和速度密切相关，也就是与再入轨道密不可分，再入飞行轨道不同，气动热环境就不同。

## 8.4　超高温环境适应性对飞行器研发的热作用重要性及意义

在高超声速气动热流场中，气动热流可分为来流形成气动加热产生的热流和飞行器外部结构表面之间进行热传递产生的热流以及由外部结构表面传递进来的热量在结构内部传递产生的热流三部分[26-27]。针对各部分热流的传热，其本质现象是由于温度差引起的热能从温度高的地方转移到温度低的地方。传热的形式主要分为热传导、对流、扩散和辐射四种[28]。其中，辐射传热与前几种传热形式在机理上有明显的区别，前三种以分子为传热载体，通过介质实现能量转移。热辐射并不依赖介质的存在，而是以电磁波或光子为载体。它所转移的热量不是与温度差成正比，而是与辐射体的绝对温度相关，辐射热通量与绝对温度的次方成正比，但热传导的热通量与温度差成正比，却与绝对温度无关[29-31]。

对空气而言，产生热辐射的最小临界温度约为 10 000 K。在一般气体动力学问题中，由于温度较低，无须考虑热辐射的影响，但在气动热力学中，辐射传热非常重要。大量研究显示，飞行器前驻点辐射热流密度和对流热流密度与飞行条件有如下关系[32-33]：

$$q \propto R_N \rho_\infty^{1.78} V_\infty^{12.5} \tag{8.2}$$

式中，$R_N$ 为飞行器驻点曲率半径。由此可知，飞行器头部钝度越大的飞行器，受辐射传热的影响就越大。

以钝头体飞行器为例，分析高超声速气动加热环境所涉及的传热形式。图 8.7 为高超声速钝体飞行器的绕流场示意图。图中表示出了可能发生的不同热转移形式。在驻点区，气体运动的动能几乎全部转化为内能，气体的温度最高，对飞行器表面加热的热流密度最大。当飞行速度极高，如第二宇宙速度再入时，这一区域的高温气体的辐射将非常明显。驻点区下游声速点以下，边界层中存在温度梯度，因此有热传导和扩散传热，边界层对飞行器表面的对流加热是主要的[34-37]。

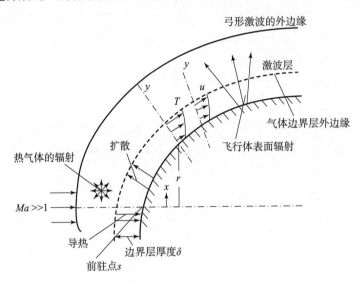

**图 8.7 高超声速钝体飞行器的绕流场示意图**

高超声速飞行器的气动外形采用钝型前缘，目的是防热[38-40]。通过近似方法可以估算因黏性滞止传递给高超声速飞行器的热量。单位时间传递给物体的热量可表示为

$$\frac{dQ}{dt} = St \rho V \Delta h S \tag{8.3}$$

式中，$\rho$ 为自由流密度；$S$ 为参考面积；$St$ 为斯坦顿系数；$Q$ 为传给物体的热量；$\Delta h$ 为焓差，在高超声速条件下：

$$\Delta h \approx \frac{1}{2} V^2 \tag{8.4}$$

利用边界层理论的雷诺比拟关系，斯坦顿系数与表面黏性摩擦系数 $c_f$ 之间有如下关系：

$$St = \frac{1}{2} c_f \tag{8.5}$$

假定表面黏性摩擦系数 $c_f$ 与阻力系数 $C_D$ 的比值与速度无关，对式（8.5）积分可得

$$Q = \frac{1}{2}\frac{c_f}{C_D}\left(\frac{W}{2g}V^2\right) \tag{8.6}$$

式（8.6）表明，对高超声速飞行器来说，由于黏性滞止而产生的向物体的传热量正比于物体的初始动能 $\left(\frac{W}{2g}V^2\right)$ 与比值 $c_f/C_D$ 的乘积。

在通常情况下，飞行器周围的气体流动可以认为是连续介质流动，气体是由许多流体微团组成，每个流体微团拥有足够多的热运动分子，各个流体微团的宏观属性反映了整个流动的属性，如压力、密度、速度、温度、熵参数等[41-43]。但是由于大气层本身的特点，随着飞行高度的增加，连续介质性质逐渐丧失，流体微团中各个分子的作用逐渐显现，最后连续介质性质完全消失，此时必须把气流看成是一群高速运动的分子流[44]。为便于确定流动状态，根据克努森（Knudsen）数 $Kn$ 来区分不同流动状态。克努森数是指飞行器周围流场中气流分子的平均自由程与飞行器的特征长度之比，是个无量纲数。其定义式如下：

$$Kn_\infty = l_\infty/L \tag{8.7}$$

式中，$l_\infty$ 为自由来流的分子平均自由程，m；$L$ 为飞行器的特征长度，m。当平均自由程与飞行器特征长度之比很小时，分子之间碰撞影响很小，此类流动称为连续介质流动或连续流动；当分子平均自由程与飞行器特征长度之比很大时，分子之间碰撞影响显著，此类流动称为自由分子流[45-46]。介于二者之间的区域为过渡区。根据分子运动论，钱学森首先提出一种针对在大气层中飞行的高速飞行器所处环境的气体流动状态分区准则及相关流动分区示意图，如下文和图 8.8 所示[47-49]。

$$Ma/\sqrt{Re} \leqslant 0.01 \qquad\qquad 连续流$$

$$0.01 < Ma/\sqrt{Re} < 1 \qquad\qquad 滑流$$

$$1 \leqslant Ma/\sqrt{Re},\ Ma/Re < 10 \qquad\qquad 过度流$$

$$10 \leqslant Ma/Re \qquad\qquad 自由分子流$$

$Ma$ 表示来流马赫数；$Re$ 表示来流雷诺数。

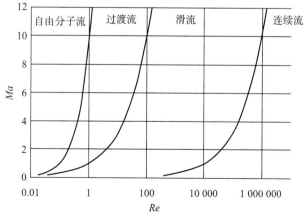

**图 8.8　流动分区示意图**

由此看来飞行器在再入过程中，随着高度的下降，要经历各种不同的大气流态，从自由分子流态，经历低密度流到连续流，在连续流区，边界层流从层流转变到湍流流态。由此可知，再入过程中飞行器表面先后经受自由分子流加热、层流对流加热和湍流对流加热[50-52]。图8.9中定性地给出了飞行器在返回再入过程中自身动能损失转换成热能的比例。

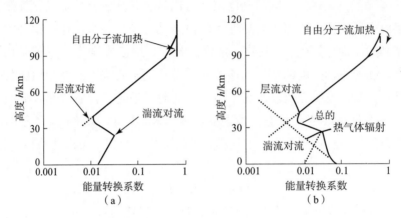

**图8.9　飞行器再入能量转换率**

（a）$v = 7\ km/s$ 时能量转换；（b）$v = 11\ km/s$ 时能量转换及热辐射效应

可以看出，自由分子流加热时，转换分数最大，随着层流边界层的建立和发展，转换分数减小，当层流转变成湍流时，转换分数又明显增大。图8.9中还表示了辐射传热的影响，当再入速度很高时，图8.9中所示为11 km/s，在低空（25～35 km）以下，高温空气的辐射热作用较大；而再入速度为7 km/s左右时，辐射热所占的比例不大。

## 本 章 小 结

本章结合高超声速气动加热的相关理论，对高超声速飞行器所处飞行环境的气动热环境成因、流场的气动热流分布及气动加热流场对飞行器的耦合传热三个方面进行介绍，着重阐述了高超飞行器所处服役环境特性，对后续飞行器热防护系统材料的设计选择、制备考核以及失效优化提供了基础性参考。

## 参 考 文 献

[1] 丛敏，秦春玲. 美国高超声速研究动态 [J]. 飞航导弹，2007，10：9-12.

[2] 刘桐林. 美国高超声速技术的发展与展望 [J]. 航天控制，2004，22（4）：36-41.

[3] 蔡亚梅，汪立萍. 美国的高超声速飞行器发展计划及关键技术分析 [J]. 航天制造技术，2010（6）：4-7.

［4］ 南海阳，韩晓明，刘洪引，等．国外临近空间飞行器发展现状及趋势［J］．飞航导弹，2014（10）：3－8.

［5］ 姜贵庆，俞继军．长时间气动加热飞行器的隔热机理［J］．宇航材料工艺，2007，1（1）：27－29.

［6］ 杨炳渊，史晓鸣，梁强．高超声速有翼导弹多场耦合动力学的研究和进展［C］//第十届全国空气弹性学术交流会议论文集，2007.

［7］ BEHRENS B，MÜLLER M. Technologies for thermal protection systems applied on reusable launcher［J］，Acta astronautica，2004，55（3－9）：529－536

［8］ 赵晓利，孙振旭，安亦然．高超声速气动热的耦合计算方法研究［J］．科学技术与工程，2010，10（22）：5450－5456.

［9］ 王智勇．飞行器气动加热环境与结构响应耦合的热结构试验方法［J］．强度与环境，2006，33（4）：59－63.

［10］ THORNTON E A，DECHAUMPHAI P. Finite element prediction of aerothermalstructural interaction of aerodynamically heated panels［C］//AIM 22nd Thermophysics Conference，1987.

［11］ DECHAUMPHAI P，THORNTON E A，WIETING A R. Flow-thermal-structural study of aerodynamically heated leading edges［J］. Journal of spacecraft and rockets，1989，26（4）：201－209.

［12］ THORNTON E A，WIETING A R，DECHAUMP H A P，et al. Application of integrated fluid-thermal structure analysis methods［J］. NASA technical memorandum，1998：1－13.

［13］ GNOFFO P A WEILMUENSTER K J，et al. Computational aerothermodynamic design issues for hypersonic vehicles［J］. American institute of aeronautics and astronautics，1997：97－2473.

［14］ BORRELLI R，RICCIO A，et al. Thermo-structural behaviour of an UHTC made nose cap of a reentry vehicle［J］. Acta astronautica，2009，65（3－4）：442－456.

［15］ 周印佳，孟松鹤，解维华，等．高温氧化对超高温陶瓷材料耦合传热的影响［J］．复合材料学报，2016，33（5）：1079－1086.

［16］ KOVALEV V L，KOLESNIKOV A F. Experimental and theoretical simulation of heterogeneous catalysis in aerothermochemistry［J］. Fluid dynamics，2005，40（5）：669－693.

［17］ 侯玉柱，郑京良，董威．高超声速飞行器瞬态热试验［J］．航空动力学报，2010，25（2）：343－347.

［18］ LI K，LIU J，LIU W Q. A new surface catalytic model for silica-based thermal protection material for hypersonic vehicles［J］. Chinese journal of aeronautics，2015，28（5）：1355－1361.

[19] 尹莲花，刘莉. 飞航器热结构优化方法研究综述 [J]. 战术导弹技术，2006，5：53 – 58.

[20] 黄海明，高锁文. 极端环境下端头热结构分析 [J]. 科学技术与工程，2006，6 (4)：417 – 420.

[21] 易龙，彭云，孙泰. 飞行器热结构细节应力分析与设计技术研究 [J]. 机械强度，2007，29 (1)：109 – 112.

[22] KUROTAKI T. Construction of catalytic model on $SiO_2$-based surface and application to real trajectory [C]//AIAA Thermophysics Conference，AIAA – 2000 – 2366，2000.

[23] CHEN Y K，MILOS F S. Two-dimensional implicit thermal response and ablation program for charring materials [J]. Journal of spacecraft and rockets，2001，38 (4)：473 – 481.

[24] KUNTZ D W，HASSAN B，POTTER D L. Predictions of ablating hypersonic vehicles using an iterative coupled fluid/thermal approach [J]. Journal of thermophysics and heat transfer，2001，15 (2)：129 – 139.

[25] 张兵，韩景龙. 多场耦合计算平台与高超声速热防护结构传热问题研究 [J]. 航空学报，2011，32 (3)：400 – 409.

[26] 王玲玲，方国东，梁军. $ZrB_2$基超高温陶瓷复合材料的高温拉伸损伤行为 [J]. 复合材料学报，2015，32 (1)：125 – 130.

[27] 李凰立. 再入弹头的气动加热及热响应分析 [D]. 西安：西北工业大学，2001.

[28] 吕红庆. 高超声速飞行器气动加热及热响应分析 [D]. 哈尔滨：哈尔滨工程大学，2006.

[29] 郭江峰，孙磊，乐成承. 高超声速飞行器多环境下热力耦合响应分析与热结构设计的策略和方法研究 [C]// 2015 中国力学大会.

[30] 陈鑫，刘莉，李昱霖. 高超声速飞行器翼面气动加热、辐射换热与瞬态热传导的耦合分析 [J]. 弹道学报，2014 (2)：1 – 5.

[31] 雷桂林. 气动加热环境下的结构热响应分析 [D]. 上海：上海交通大学，2013.

[32] 周印佳. 高超声速流动—传热与材料响应耦合方法及耦合行为研究 [D]. 哈尔滨：哈尔滨工业大学，2016.

[33] 霍霖. 复杂外形高超声速飞行器气动热快速工程估算及热响应分析 [D]. 长沙：国防科技大学，2012.

[34] 吴志刚，惠俊鹏，杨超. 高超声速下翼面的热颤振工程分析 [J]. 北京航空航天大学学报，2005，31 (3)：270 – 273.

[35] 蒋友娣. 高超声速飞行器气动热和表面瞬态温度计算研究 [D]. 上海：上海交通大学，2008.

[36] 吴洁，阎超. 气动热与热响应的耦合研究 [J]. 导弹与航天运载技术，2009，302 (4)：35 – 39.

[37] 李会萍. 高超声速飞行器气动加热特性及其计算方法研究［D］. 上海：上海交通大学，2010.

[38] CULLER A J，MCNAMARA J J. Coupled Flow‐Thermal‐Structural analysis for response prediction of hypersonic vehicle skin panels［C］//51st AIAA/ASME/ASCE/AHS/ASC Structures，Structural Dynamics，and Materials Conference 18th AIAA/ASME/AHS Adaptive Structures Conference 12th，2010.

[39] KUMAR R，SAURAV S，TITOV E V，et al. Thermo-structural studies of spores subjected to high temperature gas environments［C］//41st AIAA Thermophysics Conference，San Antonio，Texas，2009.

[40] 夏刚，刘新建，程文科. 钝体高超声速气动加热与结构热传递耦合的数值计算［J］. 国防科技大学学报，2003，25（1）：35‐39.

[41] MILOS F S，SQUIRE T H. Thermostructural analysis of X‐34 wing leading-edge tile thermal protection system［J］. Journal of spacecraft and rockets，1999，36（2）：189‐198.

[42] SWANSON A D，COGHLAN S C，PRATT D M，et al. Hypersonic vehicle thermal structure test challenges［C］//U. S. Air Force T&E Days，Destin，Florida：AIAA，2007.

[43] 陈南施. 高超声速飞行器仪器舱防隔热与热控一体化分析［D］. 哈尔滨：哈尔滨工业大学，2018.

[44] 阎满存，余勇，李家垒，等. 高超声速飞行器结构热力耦合试验与评估技术进展［J］. 飞航导弹，2015（2）：84‐87.

[45] 史晓鸣，杨炳渊. 瞬态加热环境下变厚度板温度场及热模态分析［J］. 计算机辅助工程，2006，15（1）：270‐273.

[46] 王宏宏，陈怀海，崔旭利. 热效应对导弹翼面固有振动特性的影响［J］. 振动测试与诊断，2010，30（3）：275‐279.

[47] 洪长青. 空天飞行器用热防护陶瓷材料［J］. 现代技术陶瓷，2017（5）：311‐390.

[48] 黄盛. 新型空天飞行器与热防护系统设计［D］. 南京：南京航空航天大学，2012.

[49] 王希季. 航天器进入与返回技术［M］. 北京：宇航出版社，1991.

[50] 南海阳，韩晓明，刘洪引，等. 国外临近空间飞行器发展现状及趋势［J］. 飞航导弹，2014（10）：3‐8.

[51] 李广德，张长瑞，胡海峰，等. 盖板式陶瓷热防护系统的传热性能优化［J］. 国防科技大学学报，2014，36（5）：143‐148.

[52] 夏刚，程文科，秦子增. 充气式再入飞行器柔性热防护系统的发展状况［J］. 宇航材料工艺，2003，33（6）：1‐6.

# 第9章

# 材料在超高温环境下的失效机理及防护要求

高超声速飞行器在运行过程中与大气层摩擦产生的高温气动加热流场会使得飞行器的表面温度急剧升高，并引发飞行器的表面材料复杂的热力学响应，严重影响飞行器的结构稳定性和运行安全性。因此，研究飞行器自身结构材料在气动超高温环境下的失效机制及响应规律，对设计选取有效的热防护材料，实现对飞行器的有效热防护具有重要意义。

## 9.1 材料与超高温环境的相互作用

随着高超声速飞行器飞行速度的提高，高超声速气体由于激波压缩或黏性阻滞减速效应，使得气体的动能大量转化为内能，导致气体温度急剧升高。同时高温环境进一步导致气体分子在激波层区域内发生能量激发、离解、电离等一系列复杂的物理化学变化，出现所谓的"高温气体效应"[1-3]。高温气体效应使得高超声速飞行器面临极其严峻的气动热环境，并严重影响飞行器表面的流体力（压力和表面摩擦力）、能量通量（对流和辐射加热）和质量通量（烧蚀）。同时含有大量氧、氮分子和原子组分的化学非平衡流会与飞行器表面材料发生强烈的耦合效应，产生如烧蚀、氧化、催化、高温辐射、变形与失效等现象[4]。多种热力学耦合效应共同决定材料在超高温环境下的响应机制。高超声速流动基本物理化学特征如图9.1所示。

针对气动热力学环境下的材料响应预测必然是建立在对复杂物理效应以及气动热力学环境和材料响应耦合特性的研究之上。材料的催化、氧化效应在高超声速飞行器的大气再入过程中非常重要[5]。高温下分子离解产生的化学非平衡流在飞行器壁面发生重组并释放化学能，使热防护系统的气动热环境变得更为严峻。已有研究表明，当处于非平衡流状态时，材料表面的催化属性会强烈影响自身的表面加热，在高焓非平衡流动中，材料表面氧化过程又与激波层环境因素（氧组元状态、氧分压、温度、压力、时间等）以及材料特性（组分分布、微结构、表面特性及物性等）密切相关[6]。

对于非烧蚀或者低烧蚀防热结构和材料，通常要满足在高温氧化环境下长时间服役的要求，这对热防护材料的抗氧化性能提出了苛刻的要求[7-8]。首先，高温环境下氧化效应对材料耦合传热的影响，关系到该材料能否可靠、高效地应用于高超声速飞行器结构；其次，氧化导致的材料热物性和温度场变化等一系列作用的加入也使得耦

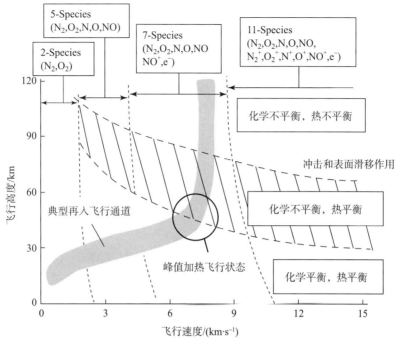

图 9.1　高超声速流动基本物理化学特征

合作用变得更为复杂。除了催化、氧化等特性外，环境/材料表面耦合响应因素还包括烧蚀。热解气体进入边界层形成的热阻塞效应和烧蚀引起的飞行器外形变化等都会影响飞行器表面的热流载荷，而且烧蚀形成表面粗糙化可能会引起热增量效应等。此外，材料的自身催化、氧化、烧蚀以及辐射等特性也存在相互关联和耦合，多种效应的相互耦合最终导致材料出现结构失效，影响飞行器的整体性与稳定性[9]。

在高超声速飞行器运行过程中，气动流场在高温下形成的化学非平衡流与热防护材料发生的非线性耦合作用，会对材料产生烧蚀、氧化、催化、辐射等物理化学作用。近年来随着高超声速飞行器对高焓、中低热流、长时间热环境下热防护技术的需求提升，非平衡流动、环境与材料的交互作用及新型高温材料成为发展高超声速技术亟待解决的重大基础问题，接下来将对飞行器结构材料在气动热流作用下的响应机制进行介绍。

**1. 材料传热耦合效应**

当高超声速飞行器处于气动加热环境中，其结构材料壁面会受到高温气流的热作用，气流中的热量会通过对流辐射等形式将热量传递至结构材料表面[10]。同时，结构材料接受热量温度升高后，其自身形成的热场又会对内部材料进一步产生热力学作用，其中，气动热力作用导致产生飞行器结构形变会显著影响气流的流动和传热过程[11]。另外，新一代高超声速飞行器要面临高焓、中低热流和长时间气动加热的热环境，其自身结构防热材料可达到很高的温度，防热材料内部热力场的变化必将引起材料自身性能的变化，如材料热导率和比热容等热物理性能随温度发生非线性的变化，进而直接降低材料的热防护阈值，导致结构材料过早出现失效。因此，针对飞行器结构材料在超高温环境下的传热耦合效应应同时考虑气动传热效应和结构传热效应[12-13]。

**2. 材料催化耦合效应**

高超声速飞行器的激波层内气体可达到极高的温度，高温环境可导致气体分子发生离解甚至电离现象。当温度达到 9 000 K 时，激波层内的所有分子几乎完全离解而原子开始产生电离，此时空气中包含了 O、N、$O^+$、$N^+$ 和 $e^-$ 等离子体[1]。当流动特征时间与完成化学反应的时间或者能量交换机制的时间量级相当时，激波后流动处于非平衡状态。此时，少量原子组分在流动中复合，其余大部分随流动到达飞行器热防护材料表面。这部分原子组分在表面材料的作用下发生复合反应 $O + O = O_2$、$O + N = NO$ 和 $N + N = N_2$，并释放化学能，从而加剧热防护结构表面的气动热环境，催化效应可能带来接近 50% 的气动热增量。图 9.2 给出了典型再入飞行器表面的物理化学过程。

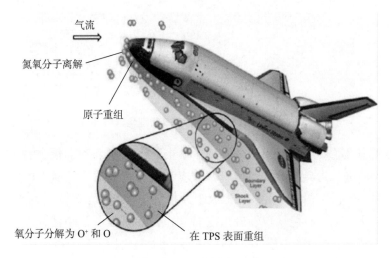

**图 9.2 典型再入飞行器表面的物理化学过程**

当飞行器附近流动处于化学平衡状态时，如果壁面温度很低，则壁面催化特性的影响可以忽略。而当流动处于化学非平衡状态时，防热材料表面的催化特性在很大程度上直接影响飞行器热防护系统所承受的气动热载荷[14-15]。材料表面的催化特性越强，则对原子组分发生复合反应的促进能力越强，意味着释放到表面的化学能越多，从而恶化飞行器局部热环境；材料表面的催化特性越弱，则对原子组分的复合反应速率作用越小，从而减少材料表面的热增量。材料的催化属性与温度直接相关。在实际飞行过程中，热防护材料的壁面温度会随着气动热环境和表面材料属性的变化而不断改变。催化效应随温度变化直接影响流场组分和扩散热流的变化，热环境的变化反过来又作用于壁面催化效应。另外，长时间的高温服役环境会导致材料表面发生氧化，产生的氧化物引起表面材料属性改变，又会导致其催化属性发生变化。因此，防热材料表面催化作用与材料表面性能高温演化和高温气体状态密切相关。

**3. 材料氧化耦合效应**

近年来，非烧蚀或者低烧蚀防热材料被广泛应用于飞行器的防护系统，这类材料不会因明显烧蚀钝化而引起气动性能下降。然而高温氧化环境对该类材料的耐高温能力和抗氧化能力提出了严峻的考验。在高焓非平衡流动中,材料表面氧化过程不仅与氧组元状态、氧分压、温度、压力等气动环境因素密切相关,还与材料组分、微结构、表面特性及物性等材料特性密切相关[16-18]。

**4. 材料的烧蚀效应**

烧蚀型防护材料以牺牲表面材料为代价转移热量从而保护内部结构。在高热流密度和高温环境下,烧蚀型热防护材料通常会发生热解、烧蚀和力学失效等一系列响应[19-20]。热解是材料内部发生化学分解而释放出气体,该过程不消耗大气组分。烧蚀是蒸发、升华和化学反应(如氧化和氮化)的结合,使液体或固体表面组分转化为气态组分,其中液体组分是由于材料熔化产生的。力学失效是表面材料的损失,该过程不产生气体组分,如表面氧化物的熔融流动、固体胶开裂以及液体粒子引起的侵蚀等。图9.3描述了烧蚀面和边界层之间的物理化学相互作用,边界层通过高温气体的对流和辐射加热使壁面升温。此外,由于壁面处化学反应的出现,在边界层内会产生组分浓度梯度,浓度梯度会产生组分扩散净热流。加载在表面的热流一部分在材料中传导,另一部分从高温表面辐射回大气。

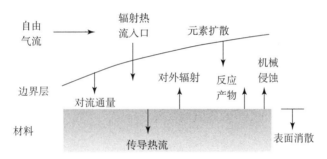

**图9.3 烧蚀和边界面之间的物理化学相互作用**

热防护材料表面与边界层内组分发生化学反应产生的气态产物会注入边界层中。这些化学反应通常是吸热的。此外烧蚀产物的注入会对边界层进行冷却,从而缓解壁面对流热流。在烧蚀产物注入很强烈的时候,对流热流的降低成为减少向基底结构传递能量的主要因素(即所谓的"热堵塞效应")。

**5. 材料辐射效应**

高超声速飞行器在大气层中飞行时,严重的气动加热使飞行器表面温度急剧升高。具有高辐射率的热防护系统表面材料可以起到辐射散热作用,从而降低飞行器表面温度,增加滞空时间。而且,高辐射率能够降低材料的温度梯度和结构热应力,使飞行器能够在更高的热流条件下操作[21]。因此,材料的辐射率决定了飞行器外结构的散热效率,它是高超声速飞行器防热设计的关键性能参数之一。同时,材料表面辐射率与材料表面组分、粗糙度和化学状态相关,还与温度和波长相关。另外,已有的辐射率实验结果表明,环境对材料的辐射率有很大影响,并且,辐射与催化、氧化和烧蚀等效应之间存在高度耦合关系。

高超声速飞行器在气动加热环境中，表面受到边界层化学非平衡流的影响，其表面结构材料在气动燃流的作用下发生物理化学反应，产生催化、氧化和烧蚀等效应，在多种效应耦合下材料发生结构失效，影响飞行器的安全稳定[22-23]。

## 9.2　超高温环境下材料失效机制

飞行器再入过程中，气动热环境带来的催化效应可能导致飞行器结构表面50%的气动热增量，同时伴随氧化效应的出现使得材料表面的物质发生改变，导致表面的传热性质、辐射性质和催化性能等一系列表面性能发生变化，进而发生烧蚀等现象。飞行器所承受的热载荷受气流与结构材料表面之间的复杂的、动态的相互作用的影响，同时材料表面与气流之间的耦合随着高超声速条件的加剧而变得更为强烈，因此气流的非平衡流动特性和与材料的耦合效应是引起材料失效的直接原因。

基于多效应耦合的作用机制，高超声速飞行器在运行过程中，其结构材料要承受高达2 000 ℃以上、5~10$Ma$的高温高速气动热环境，同时伴有高温非平衡气流的催化氧化等效应，其工作环境极为严酷[24]。该环境可能导致的飞行器结构失效行为一般主要有烧蚀异常及结构力学失效等。飞行器结构材料的烧蚀现象由热化学烧蚀、气流的机械剥蚀等因素造成。热化学烧蚀是指热结构部件在高温气流环境作用下发生的裂解、碳化、汽化和氧化反应所产生的质量损失，气流机械剥蚀是指结构材料在高速气流剪切力作用下所造成的表面剥蚀以及在气流冲击作用下造成的质量损失。

飞行器在服役过程中，由于高温气动环境导致的高温氧化烧蚀和气流机械剥蚀等现象同时存在并相互耦合，当该耦合共同作用所产生的复杂应力应变超出飞行器结构材料破坏极限时，导致飞行器结构材料发生结构失效，进而引起飞行器气动外形的变化，影响飞行稳定性。2003年，美国哥伦比亚号航天飞机在返回过程中，由于热防护系统发生破坏，内部结构材料直接暴露于高温气动流场环境，引起结构材料失效，导致飞行器解体[25]。由此可见，实现对飞行器的有效热防护，对于保证飞行器的安全稳定运行具有重要意义。

## 9.3　超高温环境下材料防护方式

为保证高超声速飞行器在气动热流场中的稳定运行，保证飞行器结构材料的安全有效，避免多效应耦合失效，通过现有的材料技术对飞行器结构材料进行有效的热防护具有重要意义。高温环境下，材料热物性、催化、氧化、烧蚀和辐射等效应对材料的高超声速流动耦合传热的影响，直接关系到该材料是否能够高效、可靠地保证高超声速飞行器的稳定运行[26-27]。热防护系统（Thermal Protection System，TPS）作为一种用于保护飞行器免遭烧蚀和过热的关键子系统，被广泛应用于航空航天领域。目前，热防护系统主要包括可重复使用热防护系统和烧蚀热防护系统。可重复使用热防护系统主要通过热防护材料实现对飞行器结构部件在相对中等或中等温度的高温服役环境中的有效防护，防护阈值温度在热防护材料自身熔点范围内，不会发生相变和质量损失。同时，对于热流波动大的服役环境，烧蚀热防护系统因适应外部环境加热变化快、热流承载力强而体现出独特应用优势[28]。可重复使用和烧蚀 TPS 适用的再入轨道如图 9.4 所示。

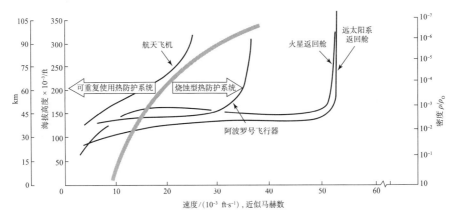

**图 9.4　可重复使用和烧蚀 TPS 适用的再入轨道**

### 1. 可重复使用热防护系统

可重复使用热防护系统主要分为柔性纤维隔热毡、刚性隔热瓦和盖板式热防护系统三种，其中柔性纤维隔热毡具有重量轻、柔韧性好、可折叠、耐高温等特点，是用于飞行器低温低承载区域的热防护材料，美国第一架航天飞机在 370 ℃ 以下温区最初使用的是 Nomex 毡。经过数十年发展，美国已经发展到第三代新型陶瓷隔热毡材料体系，使用温度大幅度提高，可在 1 480 ℃ 下保持良好的热稳定性。针对更高温度的中温区热防护，刚性隔热瓦因具有低密度、高强度、低导热、耐高温等特性而被广泛采用。目前，刚性隔热瓦材料经历了由全氧化硅纤维制备的第一代陶瓷隔热瓦到由氧化硅纤维、氧化铝纤维和硼酸铝纤维组成的第三代陶瓷隔热瓦材料，其密度进一步降低，耐温性进一步提高[29]。

近年来，针对热防护部件的结构功能一体化需求，盖板式热防护系统不断被用作飞行器的热端结构防护。该系统是将盖板材料和隔热材料按照一定的方式组合成结构单元，安装固定在机身结构上，起到承载和防热的作用。盖板主要由金属材料制成，相对于陶瓷隔热瓦和隔热毡等材料，金属盖板具有易于模块化制备、与主结构热膨胀特性匹配、高强韧性和良好的耐冲击性以及高度可重复使用性等优点。因此，其近年来成为可重复使用航天器首选的防热系统[30]。

可重复使用热防护系统具有在气动加热环境下无相变质量损失、结构承载效果良好、使用寿命长、可设计性强等优点，是目前中等服役环境下飞行器热端部件防护的理想材料，但是其仍存在如物理脆性大、高热膨胀性和自身熔点范围内有限防护等问题。针对飞行器服役环境热流密度不可预测、热流波动大的防护需求，难以实现有效的防护[31-32]。

### 2. 烧蚀热防护系统

烧蚀型热防护主要是通过烧蚀材料在服役环境高温热流作用下，以综合的热力学、热物理和热化学反应消耗材料本体并将施加于材料表面的高温热流转化为背向材料表面的质量流和辐射流，以消耗材料的方式换取防热效果、降低热量向材料内部与结构流动的主动防热方式。其发展历史较长，具有相对成熟的技术，对服役在高热流条件下或热环境无法准确预测的飞行器，烧蚀防热是唯一可行的防热方式。其按照烧蚀机理主要分为熔化型、升华型和碳化型三种[33-34]。熔化型烧蚀材料主要利用材料在高温下熔融吸收热量，并进一步利用熔化液体层来阻挡热流，达到热防护效果，以石英和高硅氧纤维等低熔点材料为主，可实现中等焓值和中等热流密度环境下的热防护。升华型烧蚀材料主要以聚四氟乙烯、石墨和 C/C 复合材料为代表，其主要通过自身高温升华吸收热量，同时该类材料具有较高的辐射系数，可实现对热量的有效耗散，对于高焓、高热流密度、短时间、恶劣烧蚀条件下的热防护具有独特的优势。

碳化型烧蚀材料主要利用聚合物在高温下裂解吸热，并通过形成的碳化层辐射热量并阻挡热流，同时裂解产生的气体可有效阻塞对流热量的传递，实现对内部结构的防护。与陶瓷热防护材料相比，碳化型烧蚀材料在树脂的热分解温度范围内具有更快的燃烧速度，但在高温下烧烛速度缓慢，当温度超过 3 000 ℃烧烛速度依然保持稳定。该类材料适用于焓值和热流密度较高且流场变化大的服役环境，也是目前应用最广泛的烧蚀型热防护材料。

烧蚀型热防护系统具有安全可靠性高，防热效率高，适应外部加热变化的能力强，在高热流加载服役环境下承载能力强，同时其结构设计简单，对于不同服役环境材料的可适性广等优点，有效地弥补了可重复使用热防护系统的防护漏区。但是其缺点是仅能一次性使用，并存在烧蚀后气动外形发生变化等不足。烧蚀防护材料能量调节机制如图 9.5 所示。

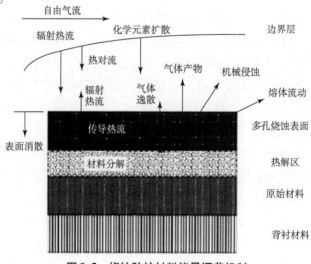

图 9.5　烧蚀防护材料能量调节机制

### 3. 新型可重复使用热防护系统

随着高超声速飞行器飞行速度不断提高，服役环境越来越恶劣，进一步提高材料的最高使用温度和表面热辐射率，实现防隔热一体化以及结合能量疏导和耗散机制的主被动结合防热成为目前的研究热点和重点。近年来，新防热概念和防热材料如整体增韧抗氧化复合材料（TUFROC）防热材料、超高温陶瓷（ultra - high temperature ceramics，UHTCs）等相继出现[35-37]。

其中，超高温陶瓷因具有较高的热导率、适中的热膨胀系数和良好的抗氧化烧蚀性能，可以在 2 000 ℃ 以上的氧化环境中实现长时间非烧蚀，是较为理想的非烧蚀型超高温防热材料，可用于高超声速飞行器的鼻锥、前缘以及超燃冲压发动机燃烧室的关键热端部件。同时，UHTCs 在严酷加热环境使用，对材料的抗热冲击性能和可靠性提出了苛刻的要求。高超声速飞行器的鼻锥、前缘以及超燃冲压发动机燃烧室的关键热端部件在服役过程中通常面临超高温（>1 800 ℃）、强氧化、急剧加热的严酷环境，这就要求 UHTCs 在服役过程中具有优异的维形能力，需要重点关注其物理与化学的稳定性[38]。C、SiC 以及几种超高温陶瓷物理化学性能如表 9.1 所示。

**表 9.1　C、SiC 以及几种超高温陶瓷物理化学性能**

| 包含材料 | 相对分子质量/ $(g \cdot mol^{-1})$ | 密度/ $(g \cdot cm^{-3})$ | 熔点/ ℃ | 热膨胀系数/ $(ppm \cdot ℃^{-1})$ | 热导率/ $[W \cdot m^{-1} \cdot ℃^{-1}]$ |
|---|---|---|---|---|---|
| C | 12.01 | 2.2 | 3 550* | 2.5（PyC） | 150 |
| SiC | 40.10 | 3.2 | 2 700* | 4.3（6H） | 125 |
| HfC | 190.54 | 12.7 | 3 890* | 6.8 | 22 |
| ZrC | 103.23 | 6.6 | 3 540* | 7.3 | 20 |
| TaC | 192.96 | 14.5 | 3 880* | 6.6 | 22 |
| HfB$_2$ | 200.11 | 11.2 | 3 380* | 6.3 | 104 |
| ZrB$_2$ | 112.84 | 6.1 | 3 245* | 5.9 | 85 |
| 包含材料 | 比热容/ $(J \cdot g^{-1} \cdot ℃^{-1})$ | 硬度/ $(kg \cdot mm^{-2})$ | 杨氏模量/ GPa | 泊松比 | 氧化温度/ ℃ |
| C | 0.84 | 20 | | | ~450 |
| SiC | 0.58 | 2 500 | 448 | 0.168 | ~1 200 |
| HfC | 0.20 | 2 300 | 350~510 | 0.180 | ~800 |
| ZrC | 0.37 | 2 700 | 350~440 | 0.191 | ~600 |
| TaC | 0.19 | 2 500 | 285~560 | 0.240 | ~750 |
| HfB$_2$ | 0.25 | 2 800 | 480 | 0.210 | ~800 |
| ZrB$_2$ | 0.43 | 2 300 | 489 | 0.160 | ~700 |

*表示升华温度。

近年来，针对超高温陶瓷材料的优化改性研究是该类材料研究的热点。为在满足抗氧化烧蚀性能的基础上进一步提升材料的抗热冲击性能、损伤容限和可靠性，研究人员提出设计制备超高温陶瓷复合材料，通过添加一种材料组分来缓解热应力和提高材料的抗热冲击性能[39]。例如，前期的研究结果表明碳材料具有优异高温性能和低弹性模量。在 UHTCs 基体中引进一定含量的石墨软相可以降低热应力，显著提高材料的裂纹扩展阻力和抗热冲击性能，同时不会导致 UHTCs 的抗氧化烧蚀性能的显著降低。另外，碳纤维增韧 UHTCs 也被广泛地应用，碳纤维的加入将从本质上克服陶瓷本征的脆性，该材料破坏断裂模式也将由脆性断裂向非脆性断裂转变，这也使得连续碳纤维增韧 UHTCs 成为未来最有潜力的工程应用超高温防热材料。

**4. 碳基热防护材料**

碳基热防护材料主要包括 C/C 复合材料和 C/SiC 复合材料。其中，C/C 复合材料具有密度低（$\rho = 2.2 \text{ g} \cdot \text{cm}^{-3}$）、高强度、低热膨胀系数、耐烧蚀冲刷、抗热震性优异、热稳定性好（可以承受 2 000 ℃以上高温）等特点，已被广泛应用于固体火箭发动机喷管，超声速飞行器的头部、机翼前缘，飞机刹车盘以及导弹鼻锥等航空航天领域的热端部件，已经成为目前公认的理想高温结构材料之一[40-41]。但是，研究发现在 400 ℃左右 C/C 在空气中即开始氧化，吸附在 C/C 表面的氧通过材料的孔隙等缺陷向内扩散，表面的孔穴和纤维/基体界面等区域的活性碳原子开始发生氧化反应，然后基体碳、纤维依次被氧化，最终导致其性能迅速下降。另外，C/C 复合材料在 650 ℃以上的水蒸气中以及 750 ℃以上的 $CO_2$ 中也极易氧化，造成严重的氧化失重问题。而随着对航空航天武器装备机动性、高效性等要求进一步提升，C/C 结构件在极端环境下的氧化行为对武器装备性能的影响也越来越突出。

近年来，对 C/C 复合材料的抗氧化改性成为碳基复合材料研究的重点。针对 C/C 的防护方法，目前主要有基体改性法和基体表面涂层法两种[42-43]。

（1）基本改性法。基体改性法是在 C/C 制备过程中，通过在内部添加熔点较高、高温下有良好性能的抗烧蚀组元作为增强体，对碳纤维和基体碳进行改性处理的方法，使材料本身获得较好的抗氧化性能。加入的改性剂在高温下可以形成具有自愈合功能的玻璃态保护层，起到隔绝氧气的作用。在超高温陶瓷材料中，HfC、ZrC 和 TaC 等难熔碳化物的熔点非常高，分别可达 3 890 ℃、3 540 ℃和 3 880 ℃（表 9.1），接近或高于 C/C 复合材料的升华温度以及含氧助推剂的焰流温度。超高温下，这些碳化物可与含氧物质反应生成高熔点氧化物（$HfO_2$：2 800 ℃；$ZrO_2$：2 700 ℃；$TaO_2$：1 890 ℃），改善 C/C 材料的抗氧化性能。此外，碳化物的高强度、高硬度也能改善 C/C 材料在含颗粒物燃烧气体下的耐机械冲蚀性能。所以，C/C – Hf（Ta, Zr）C 和 C/Hf（Ta, Zr）C 复合材料被认为是比 C/C 复合材料更理想的应用于先进固体火箭发动机的热结构材料。其主要工艺方法有化学气相渗透法、先驱体转化法、反应熔体浸渗法、化学气相反应法等。

（2）基体表面涂层。基体表面涂层法是通过在基体 C/C 表面制备抗氧化烧蚀涂层将其与环境隔离开，阻止基体和氧气发生反应的一种方法，由于在高温下基体的氧化和烧蚀从表面开始，故涂层能够对基体进行更为直接有效的保护，其基本原理是通过涂层材料自身的高温稳定性来阻挡氧气，或通过与氧气之间的反应消耗氧气，同时生成稳定的氧化物，依靠氧化物低的氧气渗透率对基体进行防护[44]。涂层自身应有良好的抗冲刷、抗热震等性能，使基体能够在苛刻的环境下发挥自身优良的性能。目前认为，基体表面涂层法是使 C/C 在高温烧蚀环境中不被氧化而保持自身性能最为有效的方法。涂层的抗氧化性能的影响因素示意图如图 9.6 所示。

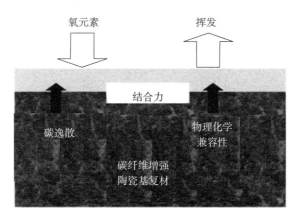

图 9.6　涂层的抗氧化性能的影响因素示意图

## 本 章 小 结

本章针对高超声速飞行器在气动热流环境下的热力学响应机制进行介绍，说明了飞行器结构材料在气动热环境下的多效应耦合响应机制，并根据材料产生的传热耦合响应，催化耦合响应，氧化耦合响应和烧蚀耦合响应的多效应耦合协同，阐述了飞行器结构材料的失效机制。本章基于飞行器结构材料的失效机制，介绍了目前飞行器的典型热防护方式和目前存在的不足，对后续材料优化与技术改进提供指导。

## 参 考 文 献

［1］周印佳. 高超声速流动—传热与材料响应耦合方法及耦合行为研究［D］. 哈尔滨：哈尔滨工程大学，2016.

［2］徐勇勤. 高超声速飞行器总体概念研究［D］. 西安：西北工业大学，2005.

［3］黄伟，王振国. 临近空间飞行器研究现状分析［J］. 飞航导弹，2007（10）：28 – 31.

［4］周印佳. 乘波构型设计及表面热流计算［D］. 哈尔滨：哈尔滨工程大学，2012.

［5］GNOFFO P A，WEILMUENSTER K J，HAMILTON H H，et al. Computational aerothermodynamic design issues for hypersonic vehicles［J］. Journal of spacecraft and rockets，1999，36（1），21 –43.

[6] 周印佳，孟松鹤，解维华，等．高超声速飞行器热环境与结构传热的多场耦合数值研究［J］．航空学报，2016，37（9）：2739 –2748.

[7] LI K，LIU J，LIU W Q. A new surface catalytic model for silica-based thermal protection material for hypersonic vehicles［J］. Chinese journal of aeronautics，2015，28（5）：1355 –1361.

[8] 许鹏博，钱战森，向先宏．高超声速飞行器气动加热/结构传热耦合计算及特性研究［C］// 第八届全国高超声速科技学术会议，2015：1.

[9] 姜贵庆，俞继军．长时间气动加热飞行器的隔热机理［J］．宇航材料工艺，2007，1（1）：27 –29.

[10] 李承受．空间环境条件下材料的失效［J］．材料科学与工程，1991，9（1）：1 –7.

[11] 李海玉．一体化防隔热复合材料的结构和性能演变规律研究［D］．长沙：国防科技大学，2016.

[12] 胡良全，薛忠民，肖永栋，等．低密度防热材料的动态烧蚀与隔热特性研究［C］// 第十五届全国复合材料学术会议论文集（下册），2008.

[13] 王超．$ZrB_2$ – SiC 基超高温陶瓷复合材料失效机制的表征与评价［D］．哈尔滨：哈尔滨工业大学，2009.

[14] CHEN Y K，MILOS F S. Two-dimensional implicit thermal response and ablation program for charring materials［J］. Journal of spacecraft and rockets，2001，38（4）：473 –481.

[15] 王玲玲，方国东，梁军．$ZrB_2$ 基超高温陶瓷复合材料的高温拉伸损伤行为［J］．复合材料学报，2015，32（1）：125 –130.

[16] 邹世钦，张长瑞，周新贵．连续纤维增强陶瓷基复合材料在航空发动机上的应用［J］．航空发动机，2005，31（3）：55 –58.

[17] 王宗伟．高温热防护材料发射率测量技术研究［D］．哈尔滨：哈尔滨工业大学，2012.

[18] LAUB B，VENKATAPATHY E. Thermal protection system technology and facility needs for demanding future planetary missions［C］//Proceeding of the International Workshop on Planetary Probe Atmospheric Entry and Descent Trajectory Analysis and Science，October 2003.

[19] 潘育松，陈照峰，成来飞．碳/碳化硅燃气舵的烧蚀及抗热振性［J］．中国有色金属学报，2006，6：54 –59.

[20] 赵梦熊．载人飞船返回舱的气动热流分布［J］．气动实验与测量，1996，1：1 – 8.

[21] 徐晓亮．热防护机理与烧蚀钝体绕流的涡方法研究［D］．北京：北京交通大

学，2011.

［22］李卫国，方岱宁. 高温环境材料力学性能理论表征方法及应用［C］// 2018 年全国固体力学学术会议，2018.

［23］CHEATWOOD F M, GNOFFO P A. User's manual for the langley aerothermodynamic upwind relaxation algorithm（LAURA）［R］. NASA TM − 4674，1996.

［24］SCALABRIN L C, BOYD I D. Numerical simulation of weakly ionized hypersonic flow for reentry configurations［J］. Lecture notes in mathematics，2006，1811：23 − 31.

［25］王欣. 热冲击作用下含缺陷超高温陶瓷结构的损伤行为数值模拟［D］. 哈尔滨：哈尔滨工程大学，2011.

［26］刘持栋，成来飞，栾新刚. SiC 涂层 C/C 复合材料在 1300 ℃湿氧环境中的疲劳行为［J］. 复合材料学报，2009，26（4）：136 − 140.

［27］张如炳，程相孟，方岱宁，等. $ZrB_2$ 基陶瓷在超高温氧化极端环境下的强度评价和断裂行为［C］// 中国力学大会，2013.

［28］KAYS W M. Convective heat and mass transfer［M］. New York：McGraw-Hill Book Co. ，1980.

［29］陈玉峰，朱时珍，等. 空天飞行器用热防护陶瓷材料［J］. 现代技术陶瓷，2017（5）：311 − 390.

［30］刘小瀛，张钧，张立同，等. C/SiC 复合材料应力氧化失效机理［J］. 无机材料学报，2006（5）：1191 − 1196.

［31］SAVINO R, DE STEFANO FUMO M, PATERNA D. Arc-jet testing of ultra-high-temperature-ceramics［J］. Aerospace science and technology，2010，14（3）：178 − 187.

［32］WRIGHT M, LOOMIS M , PAPADOPOULOS P. Aerothermal analysis of the project fire II afterbody flow［J］. Journal of thermophysics and heat transfer，2003，17（2）：240 − 249.

［33］张永强，唐小松，陶彦辉. 热 − 力载荷下碳纤维/环氧复合材料的断裂行为及特性研究［C］// 第 16 届全国疲劳与断裂学术会议会议程序册，2012.

［34］陈彦飞. 不同温度环境下先进复合材料与结构的力学行为研究［D］. 广州：华南理工大学，2018.

［35］成天宝. 先进高温材料强度和抗热震性能研究［D］. 重庆：重庆大学，2016.

［36］李定玉. 计及使役环境的高温陶瓷材料抗热震性能及表征方法研究［D］. 重庆：重庆大学，2015.

［37］王智勇. 飞行器气动加热环境与结构响应耦合的热结构试验方法［J］. 强度与环境，2006，33（4）：59 − 63.

［38］杜雪菲. 预氧化对 $ZrB_2$ − SiC − G 超高温陶瓷材料力学性能及抗热震性的影响［D］. 哈尔滨：哈尔滨工业大学，2012.

［39］ 万德田，王艳萍．极端环境下的陶瓷材料力学性能评价技术及装置［J］．中国建材，2014（12）：104－108.

［40］ 黄敏，李克智，李贺军，等．碳/碳复合材料 SiC/Al－Si 涂层微观结构及抗氧化性能研究［J］．材料工程，2007（4）：43－46.

［41］ REN X R, LI H J, CHU Y H, et al. Ultra-high-temperature ceramic $HfB_2$ – SiC coating for oxidation protection of SiC-coated carbon/carbon composites［J］. International journal of applied ceramic technology，2015，12（3）：560－567.

［42］ 张雨雷，李贺军，姚西媛，等．C/SiC/Si－Mo－Cr 复合涂层碳/碳复合材料力学性能研究［J］．无机材料学报，2008，23（4）：725－728.

［43］ 陈丽敏，索相波，王安哲．$ZrB_2$ 基超高温陶瓷材料抗热震性能及热震失效机制研究进展［J］．硅酸盐学报，2018（9）：1235－1243.

［44］ 侯根良，苏勋家，王延斌，等．C/C 复合材料抗烧蚀 HfC 涂层的制备［J］．航空材料学报，2009，29（1）：77－80.

# 第10章

# 超高温陶瓷防护涂层的设计方法

在高超声速飞行器热防护结构材料中，碳基复合材料由于具有低密度、高强度、低热膨胀系数、耐烧蚀冲刷、抗热震性优异、热稳定性好等特点，是目前极具应用前景的高超声速飞行器热防护材料之一[1-2]。根据第9章的介绍，碳基复合材料存在高温抗氧化性能不足、烧蚀率高等问题，限制了其在更高服役环境下的使用。因此，采用表面涂层改性的方式实现对碳基复合材料的有效抗氧化烧蚀防护是目前研究的重点。

近年来，随着飞行器热防护温度的升高，碳基复合材料面临的高温氧化环境更加严峻。为了进一步提升抗氧化防护涂层的使用性能，实现在高温有氧环境下 C/C 复合材料的抗氧化烧蚀防护，需要对涂层的成分、结构以及制备工艺等进行一系列的筛选与设计。

## 10.1　涂层材料体系的设计

在超高温抗氧化防护涂层制备中，材料的设计选用非常重要。该类材料的设计选取主要有以下要求[3-4]。

（1）该类材料以耐高温材料为主，为降低氧气的扩散，选择的涂层材料应具有低的氧扩散系数。

（2）涂层材料应具有与基体材料相近的热膨胀系数，实现良好界面结合。

（3）应保证材料具有高温稳定性，在高于 2 000 ℃条件下工作并具有高的强度保持率。

接下来将针对上述材料设计要求，对涂层材料进行介绍。

### 10.1.1　高熔点金属材料

高熔点金属材料主要包括铱、钨、钼、锆等过渡金属材料和钽、铪等稀有金属材料，其在高温下具有较低的氧扩散系数，并且涂层和基体之间有良好的润湿性[5]。目前，高熔点金属抗烧蚀涂层体系的研究主要集中在多层合金复合涂层体系。W. L. Worrel[6]等研发了 Ir－Al－Si 合金抗氧化烧蚀涂层，并在 1 550 ℃有氧气氛下对其抗氧化性能进行了考核，在持续工作 280 h 后，试样氧化失重为 7.29 mg·cm$^{-2}$，而 Ir－Al 涂层在 1 600 ℃氧化气氛下工作 200 h 后，氧化失重仅为 5.26 mg·cm$^{-2}$。除此之外，有研究人员还对其他体系的合金抗氧化烧蚀涂层进行了研究，但是，这些合金涂层的使用温度均低于 2 000 ℃，其氧化生成的氧化物熔点较低，因此无法满足高温条件下的使用。同时，合金涂层与基体复合材料的热膨胀系数相差较大，难以实现涂层的界面优化。

## 10.1.2 玻璃材料

研制 C/C 抗氧化涂层初期，人们所关注的涂层大多为玻璃涂层，这类涂层的抗氧化机理是为氧气的扩散提供障碍，利用其良好的高温自愈合性来弥补涂层与 C/C 基体之间热膨胀系数的不匹配性，并封填涂层中的缺陷，进而对基体进行防护。最早选用的玻璃材料是以 $B_2O_3$ 为主要成分[7-9]。随着涂层使用要求的提高，可选用的玻璃材料体系进一步优化，包括磷酸盐玻璃、硅酸盐玻璃、硼酸盐玻璃及复合玻璃材料等。磷酸盐材料对基体具有良好的润湿性，可封填 C/C 基体表面的孔洞、裂纹等缺陷，阻碍氧气与活性碳原子接触可能，进而提高 C/C 复合材料的抗氧化烧蚀性能。硼硅酸盐玻璃在高温下流动性好，容易封闭涂层中在冷热冲击过程中产生的裂纹。此外，硼硅酸盐玻璃涂层具有较低的氧扩散速率，在高温有氧环境下可有效阻止氧气的扩散。同时，由于单独使用玻璃只能在较低温度下提供抗氧化烧蚀保护，无法满足较高温烧蚀条件下的使用要求。因此，目前玻璃材料只能作为复合材料涂层中的组分进行使用。因此，为提高玻璃的高温稳定性，研究人员在玻璃涂层中弥散分布高熔点陶瓷颗粒来提升其使用温度范围。

## 10.1.3 陶瓷材料

目前，C/C 基体抗氧化烧蚀涂层材料研发的热点是高温陶瓷材料[10-11]。这类陶瓷材料具有很高的熔点，材料自身或氧化生成物的氧扩散率很低，有效地阻碍氧元素扩散至基体材料，且与 C/C 基体材料匹配良好。按照成分进行划分，所涉及的高温陶瓷材料主要包括硅化物陶瓷（$MoSi_2$、$TaSi_2$ 等）、高熔点氧化物陶瓷（$HfO_2$、$Ta_2O_5$、$Al_2O_3$ 等）、硼化物陶瓷（$HfB_2$、$ZrB_2$、$TaB_2$ 等）以及碳化物陶瓷（$HfC$、$ZrC$、$TaC$ 等）等。

**1. 硅化物陶瓷**

在针对 C/C 高温抗氧化涂层材料的研发中，高熔点金属硅化物陶瓷也是其中受到较多关注的一类材料，所涉及的种类包括 $MoSi_2$、$TaSi_2$、$ZrSi_2$、$HfSi_2$、$CrSi_2$ 等[12]。此类陶瓷不仅具有熔点高的特点，更重要的是氧化后会生成大量 $SiO_2$ 及高熔点氧化物。其中高熔点氧化物在高温环境中可以起到骨架作用，而 $SiO_2$ 在高温下为液态，可以附着于涂层表面形成膜层，并填充涂层内部的缺陷（孔隙、微裂纹等），阻止氧分子向涂层内部渗透与扩散，使得该材料在氧化后仍然具有抗氧化烧蚀的性能。

$MoSi_2$ 具有熔点高、高温稳定性好等优点，其中 $MoSi_2$ 是 Mo-Si 二元合金系中含硅量最高的一种化合物，氧化后会生成一层高温下自愈合能力良好的致密 $SiO_2$ 薄膜，有利于阻挡氧气的渗入。但其在 673~873 K 时表现出加速氧化的趋势，即 Pesting 现象[13-14]，研究认为可能是由于氧化时的体积效应导致裂纹扩展而形成，因此其低温抗氧化性较差。研究人员对 $MoSi_2$ 材料的基本特性以及抗氧化烧蚀性能进行了研究。结果表明该材料所制备的涂层抗氧化烧蚀温度可达 1 700 ℃左右，是目前所知金属硅化物中最好的。

$TaSi_2$ 同样具有高熔点、高温稳定性以及抗氧化性能，也成为 C/C 高温抗氧化烧蚀涂层领域所关注的材料。研究人员以 SiC 作为过渡层，在 C/C 基材表面制备了 $TaSi_2$ - SiC 双层结构的抗氧化涂层，并在 1 500 ℃下对涂层的抗氧化性能进行测试。结果表明，$TaSi_2$ - SiC 涂层对 C/C 的抗氧化烧蚀防护可达 2 000 多小时。但是，$TaSi_2$ 的热膨胀系数达到 $8.9 \times 10^{-6}$/K，与 C/C 基材具有较大的热膨胀系数差，因此无法单独作为抗氧化烧蚀涂层来使用[15]。而且其氧化产物 $Ta_2O_5$ 熔点较低，无法满足高温下的抗氧化烧蚀要求。

**2. 碳化物陶瓷**

针对碳化物陶瓷，国内外对 SiC 的研究工作开展较早，而且直到目前依然受到高度关注[16-17]。SiC 是以共价键为主的化合物，该键合方式使其具有一系列优良的性能，如高强度、高硬度、耐高温、高热导率、低的热膨胀系数、优良抗震性、良好的化学稳定性和蠕变性能等。同时，SiC 材料表面的氧化产物（$SiO_2$）具有较低的氧扩散率，因此具有较好的抗氧化烧蚀性能。SiC 的基本性能参数如表 10.1 所示。

表 10.1　SiC 的基本性能参数

| 参数 | 参数值 |
| --- | --- |
| 点阵常数/Å | 1.888 |
| 熔点/℃ | 2 700（升华） |
| 密度/(g·cm$^{-3}$) | 3.2 |
| 热导率/(W·m$^{-1}$·K$^{-1}$) | 64.4（500 ℃） |
| 维氏硬度/GPa | 24.5 ~ 32 |
| 热膨胀系数 $\alpha$/K$^{-1}$ | $4.8 \times 10^{-6}$ |

在温度较低时，涂层中残存的单质 Si 可以渗透到 SiC 层孔隙中，降低涂层氧气渗透率；随着温度的升高，SiC 氧化而形成的玻璃态 $SiO_2$ 能够填充涂层表面微裂纹，使其继续提供抗氧化烧蚀防护。研究人员发现随着温度进一步升高，SiC 的氧化生成物主要为 SiO 气体与 CO 气体，大量气体的生成不仅造成材料质量的损失，而且伴随着气体的溢出，会使氧化膜层内出现一系列孔洞。因此，在目前开发的抗氧化烧蚀涂层体系中，SiC 很少单独使用，而是作为黏结层或过渡层，与其他材料涂层一起构成双层或多层的涂层体系。

除了 SiC 外，C/C 抗氧化烧蚀涂层材料所涉及的碳化物陶瓷还包括 ZrC、TaC、HfC、NbC 等，其熔点、热膨胀系数等性能参数如表 10.2 所示[18]。Sun 等在 C/C 表面制备了一层厚度为 0.18 mm 的 ZrC 涂层，并采用氧乙炔火焰对该涂层的抗烧蚀性能进行了考核[19]。Wang 等针对 CVD（化学气相沉淀）工艺制备的 TaC – SiC 双层抗氧化烧蚀涂层的涂层组织结构以及抗烧蚀性能进行了研究，采用氧乙炔火焰进行了烧蚀实验，在 2 800 ℃ 烧蚀 60 s 后，涂层开裂、剥落。由于碳化物陶瓷的热膨胀系数与 C/C 相差较大，且均为脆性较大的材料，极易在应力作用下开裂剥落[20]。另外，其氧化形成的氧化物熔沸点较低、流动性较差，对高温有氧环境下的长时间抗氧化烧蚀防护效果有限。

表 10.2    几种碳化物陶瓷的性能参数

| 材料 | 密度/<br>（g·cm$^{-3}$） | 熔点/<br>℃ | 热膨胀系数/<br>（10$^{-6}$ K$^{-1}$） | 模量/<br>GPa |
|------|------|------|------|------|
| ZrC | 6.9 | 3 530 | 7.2 | 400 |
| HfC | 12.6 | 3 890 | 5.6 | — |
| TaC | 14.3 | 3 985 | 7.1 | 560 |
| NbC | 7.78 | 3 613 | 7.2 | 580 |

**3. 硼化物陶瓷**

硼化物陶瓷是 C/C 抗氧化烧蚀涂层研发领域中所涉及的另一类高熔点陶瓷材料。其中，研究较多的为 $ZrB_2$ 陶瓷。此类陶瓷材料同样具有较高的熔点、较大的硬度以及较高的热导率，其氧化产物包括高熔点的金属氧化物与 $B_2O_3$。尽管氧化硼的熔点（445 ℃）和沸点（1 500 ℃）都比较低，但在 445 ~ 1 000 ℃ 的温度范围内可以形成低黏度的熔液，在固态材料表面形成连续的氧化膜，而且其氧扩散率很低，可以有效减缓基体材料的进一步氧化[21]。

$ZrB_2$ 是一种熔点很高的硼化物陶瓷，是一种重要的耐高温材料，为六方体晶型，其结构模型如图 10.1 所示，由于其原子之间通过共价键连接，因此具有很高的熔点，为 3 040 ℃，且具有一定的强度和硬度。此外，还有优良的导电及导热性能，在高温、腐蚀等苛刻的环境中有广泛的应用。M. M. Opeka、J. R. Fenter、W. G. Fahrenholtz 等人对 $ZrB_2$ 在不同温度条件下的氧化烧蚀行为及产物特征进行了研究。结果表

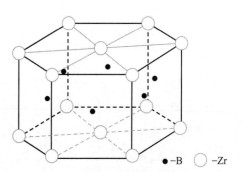

●—B   ○—Zr

图 10.1    $ZrB_2$ 晶体结构模型

明其氧化产物由两种物质组成，分别为 $ZrO_2$ 和 $B_2O_3$，并且在两相界面处没有中间相或硼酸盐存在。当温度（<1 000 ℃）较低时，$B_2O_3$ 会以膜层的形式附着于 $ZrO_2$ 的表面[22-24]。但是，随着环境温度的进一步升高（>1 000 ℃），材料表面的 $B_2O_3$ 膜层会逐渐汽化消失。在较低温度下，$ZrO_2$ 的晶粒为等轴晶粒，并且在生成物内部的孔隙里填充着 $B_2O_3$。在更高温度下，$ZrO_2$ 形成柱状晶，玻璃态的 $B_2O_3$ 位于柱状晶粒之间的界面处。

$HfB_2$ 与 $ZrB_2$ 相似，同属于超高温陶瓷，也具有很高的熔点（3 250 ℃），同时具有很好的化学稳定性、较高的硬度、较好的导电性能和导热性能。M. Pavese 等就 $HfB_2$ 涂层的抗氧化烧蚀性能进行了研究，结果表明，$HfB_2$ 的氧化起始温度为 500 ℃，氧化产物为 $HfO_2$ 和 $B_2O_3$。当 $B_2O_3$ 的产量足够多，并且充分熔融后，会在材料表面形成一层防护膜，阻碍氧的扩散。随着温度的进一步升高，$B_2O_3$ 的蒸汽压会急剧增大，并大量汽化，失去对基体材料的抗氧化防护。与 $ZrB_2$ 相比，$HfB_2$ 的热膨胀系数较高（$7.6 \times 10^{-6}/K^{-1}$），与 C/C 相差较大，容易在热应力的作用下造成涂层的开裂、剥落[25]。另外，金属 Hf 价格昂贵，也限制了 $HfB_2$ 的广泛使用。

$TaB_2$ 作为过渡族金属硼化物的一种，具有较好的耐腐蚀性、化学稳定性；较高的熔点（3 200 ℃）、硬度（2.45 GPa）以及热导率，也成为 C/C 高温抗氧化涂层材料的选择之一。但是，目前没有发现单独采用 $TaB_2$ 涂层对 C/C 进行高温抗烧蚀防护，而是将其与别的抗氧化烧蚀材料制成复合材料，用于制备高温抗氧化烧蚀涂层[26]。例如 X. R. Ren 等采用包埋法在 C/C 表面制备了 $TaB_2$ – $TaSi_2$ – SiC – Si 复合涂层，并将涂层试样置于大气环境下的加热炉中进行抗氧化烧蚀考核。考核结果表明，$TaB_2$ 的氧化产物主要是 $Ta_2O_5$ 和 $B_2O_3$，当温度达到 1 600 ℃后，$Ta_2O_5$ 和 $B_2O_3$ 的蒸汽压都急剧增大，同时大量汽化，导致涂层质量损失，并失去抗氧化能力。

**4. 复合陶瓷**

根据前期的研究成果，研究人员发现，随着服役温度不断升高，没有材料能够单独在氧化烧蚀环境中长时间使用。因此，目前 C/C 抗氧化烧蚀涂层材料研发的方向转为复合陶瓷材料。复合陶瓷材料的组分主要为超高温陶瓷材料。这类陶瓷材料具有熔点高、物理性能稳定（无相变）、抗氧化、抗烧蚀、高温化学稳定性高等特点[27]。复合陶瓷材料的构成方式一般是以硼化物（$ZrB_2$、$HfB_2$、$TaB_2$ 等）陶瓷为基体材料，碳化物（SiC、ZrC、HfC 等）陶瓷以颗粒形式添加入基体中。其中以 $ZrB_2$/SiC 复合陶瓷获得的关注较多，被认为有希望获得广泛的工程应用。由 SiC 和 $ZrB_2$ 组成的复合陶瓷与单一的 $ZrB_2$ 比起来，具有更低的密度和更小的热膨胀系数，在高温下抗氧化与抗烧蚀性能有明显的提高。其中抗氧化、烧蚀性能提高的原因是在更高的温度下，SiC 和 $ZrB_2$ 的氧化产物会形成熔点更高、黏性更高、氧扩散率更低、蒸汽压力更低的硼 – 硅玻璃。经过对 $ZrB_2$/SiC 超高温复合陶瓷成分比例的优化，目前 SiC 在复合陶瓷材料中的体积含量在 15% ~ 40% 之间[28-29]。

# 10.2　涂层结构设计

## 10.2.1　单层结构涂层

单层结构的抗氧化烧蚀涂层是由单一成分及相结构的金属、合金、陶瓷等材料制备的抗氧化烧蚀涂层。这类结构的涂层主要在抗氧化烧蚀涂层研发早期应用，涉及多种材料以及多种制备工艺。Wen 和 Sun 等分别采用钨极氩弧（TIG）焊熔覆技术和化学气相沉积技术制备了 ZrC 抗氧化烧蚀涂层，并采用氧乙炔火焰对涂层的抗烧蚀性能进行了考核。考核时间分别为 30 s 和 240 s，考核温度为 2 800 ℃[19,30]。结果表明，ZrC 抗氧化烧蚀涂层已经发生了氧化，残留的氧化生成物为 $ZrO_2$。Li 等采用 CVD 在 C/C 表面制备了 TaC 抗烧蚀涂层，虽然涂层成分单一，但沿厚度方向涂层的组织结构并不均匀，分别有致密层、粗大晶粒层、表面疏松层[31]。单相单层抗氧化烧蚀涂层虽然制备工艺简单，但是涂层成分单一，与 C/C 热物性匹配较差，而且使用温度范围较窄，随着 C/C 使用温度越来越高，这类涂层已经无法满足使用要求。

### 10.2.2　多层结构涂层

为了缓和 C/C 基体与抗烧蚀涂层之间的热失配，同时进一步阻挡氧向 C/C 基体的扩散，研究人员研发多层结构的抗氧化烧蚀涂层体系。但由于涂层系统中的层间界面是易于失效的位置，较多的层间界面不利于涂层的力学性能，因此目前多层结构的抗氧化烧蚀涂层多为双层系统，分别是过渡底层和抗烧蚀面层。Wu 等在 C/C 上制备了面层为 $ZrB_2/MoSi_2$ 的复合陶瓷涂层、过渡层为 SiC 的双层结构抗氧化烧蚀涂层，其中 SiC 层采用包埋法制备，$ZrB_2/MoSi_2$ 复合陶瓷涂层采用刷涂法制备。西北工业大学 Yao 等采用包埋法分别制备了 SiC 过渡层和三相复合材料（SiC/Si/ZrB₂）的抗氧化烧蚀面层。Wang 等在 C/C 表面制备了由 SiC 过渡层和 TaC 面层组成的双层抗氧化烧蚀涂层。研究发现，由于 SiC 与 C/C 基体良好的物理化学相容性，直接附着于 C/C 表面的过渡层多选择 SiC。另外一些研究工作者设计了三层结构的抗氧化烧蚀涂层，并对其性能进行了测试与研究。西北工业大学在 C/C 上制备了三层结构的抗氧化涂层，其中，内层为包埋法制备的 SiC 层，中间层为刷涂法制备的 $ZrB_2/SiC$ 层，外层是采用 CVD 法制备的 SiC 层。该涂层系统在 900 ~ 1 500 ℃ 的温度范围内进行了 10 min 的抗氧化测试。结果表明涂层自身发生了氧化，但是为 C/C 提供了有效的抗氧化防护[32-33]。一种双层功能热控涂层如图 10.2 所示。

### 10.2.3　梯度复合涂层

梯度涂层使得涂层与基体两相浓度呈连续分布，多相涂层之间组成呈连续分布，实现热膨胀系数梯度分布，消除了界面应力，缓解了陶瓷涂层的开裂趋势，从而达到提高抗氧化目的。Huang 等采用溶胶凝胶方法在 SiC 涂层表面制备了 $ZrO_2/SiO_2$ 梯度涂层，该涂层很好地解决了涂层间热膨胀不匹配的问题。在此涂层体系中，多孔的 SiC 内涂层孔隙被硅酸锆混合溶胶填充，涂层中越靠近涂层表面，$ZrO_2$ 含量越高，而 $SiO_2$ 含量越低，$ZrO_2/SiO_2$ 浓度的梯度变化大大缓解了应力，有效阻止裂纹的产生。另外，还以梯度配比的氧化硅、氧化钇为喷涂原料，采用等离子喷涂法在 SiC 层表面制备了 $Y_2O_3/2SiO_2$、$Y_2O_3/1.5SiO_2$、$Y_2O_3/SiO_2$ 梯度复合涂层，该涂层在 1 600 ℃ 下氧化 116 h 后材料失重率低于 2%[34]。复合涂层的功能单元示意图如图 10.3 所示。

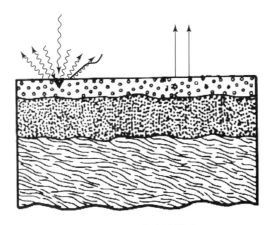

图 10.2　双层功能热控涂层

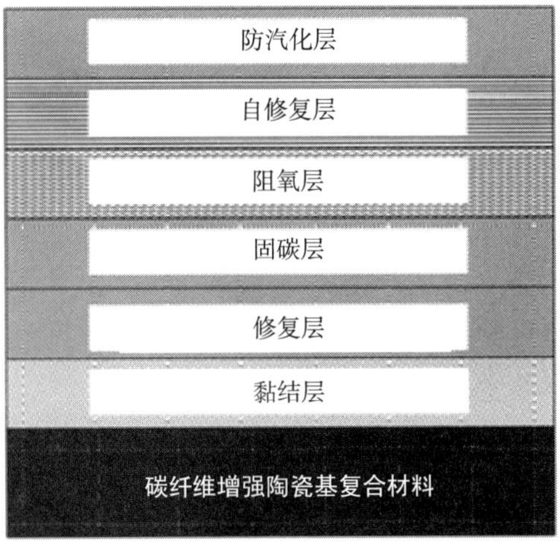

| 防汽化层 |
| 自修复层 |
| 阻氧层 |
| 固碳层 |
| 修复层 |
| 黏结层 |
| 碳纤维增强陶瓷基复合材料 |

图 10.3　复合涂层的功能单元示意图

## 10.2.4　晶须增韧复合涂层

由于在燃气冲刷条件下，C/C 复合材料表面会承受剪切应力，因此会对涂层与基体之间以及涂层本身的结合强度提出较高的要求。李贺军等[35] 提出采用 SiC 晶须增韧陶瓷的复合涂层模式。其制备的 SiC 晶须增强的 $MoSi_2/SiC/Si$ 复合涂层能在 1 500 ℃下有效保护 C/C 复合材料 200 h，SiC 晶须具有优异的力学和化学稳定性能。SiC 内涂层得到 SiC 晶须增韧后，强度和韧性都得到一定程度的提高，能够克服穿透性裂纹的产生，提高涂层高温抗氧化和抗冲刷能力。

综合考虑涂层的抗氧化烧蚀性能、使用寿命、工艺环节、制备成本等因素，目前用于 C/C 基体的抗氧化烧蚀涂层多采用双层结构，而且过渡层均采用与基体匹配较好的 SiC 层[36]。

# 10.3 涂层制备工艺

在 C/C 基体上制备超高温陶瓷涂层的方法通常包括包埋法、刷涂浆料技术、气相沉积法、超临界流体技术、溶胶－凝胶法、等离子喷涂法等。

## 10.3.1 包埋法

包埋法是将基体包埋在涂层原料中，在适当的温度和保护气氛下进行加热处理，使混合原料和构件表面发生化学反应，反应物沿基体外侧逐渐向内部扩散，从而制备涂层的方法。与其他方法相比，其具有过程简单、基体尺寸变化小、涂层与基体间能形成一定的成分梯度、与基体结合良好等优点[35]，但是存在高温下容易发生化学反应使纤维受损、影响基体的力学性能、不适于大尺寸结构件的涂层制备、涂层均匀性很难控制等缺点。Zou 等通过包埋法在 C/C 表面制备了 $ZrB_2$－SiC 涂层，涂层结构致密，利用氧乙炔火焰进行烧蚀考核，与没有涂层保护的 C/C 相比，其质量烧蚀率和线烧蚀率分别下降了 97% 和 49%。黄剑锋等[37]将制备 $ZrB_2$/SiC 超高温复合陶瓷的原料采用球磨法等机械混合均匀后，把 C/C 基体包埋于其中，然后在惰性气氛环境中，将温度升高至原料反应温度，直至在基体表面生成一定厚度的 $ZrB_2$/SiC 涂层。然而采用包埋法制备复合陶瓷涂层则无法保证涂层中成分的均匀性，在涂层内部及界面处会产生大量的缺陷，涂层厚度难以控制，而且限于坩埚尺寸以及热源的影响，难以满足大尺寸零件的涂层要求。

## 10.3.2 刷涂浆料技术

刷涂浆料技术与包埋技术类似，将浆料刷涂在 C/C 基体表面，然后升温至原料反应温度，直至形成涂层。该技术较为简单，易于操作。研究人员将 $ZrB_2$ 和聚碳硅烷以一定比例混合均匀制成浆料，把搅拌均匀的浆料涂覆于 C/C 基体材料表面。然后将涂覆完成的基体先加热到一定温度以去除有机溶剂，在惰性气氛保护下加热至原料反应温度，直至反应完成，获得了附着于 C/C 表面的 $ZrB_2$/SiC 超高温复合陶瓷涂层。通过此方法制备的涂层厚度为几十微米，但是该工艺制得的涂层组织结构不均匀，溶剂难以彻底清除，涂层含有大量缺陷，结合强度较低。

## 10.3.3 气相沉积法

气相沉积法通常可以分为两大类，一是物理气相沉积（physical vapor deposition, PVD），是在真空条件下，通过物理方法将镀料汽化成原子、分子，或离子化为离子，直接沉积到基体表面的方法；二是化学气相沉积，它是把含有构成薄膜元素的一种或几种化合物、单质气体供给基体，借助气相作用或在基体表面上的化学反应生成薄膜，还有有机金属化学气相沉积（MOCVD）和激光化学气相沉积（LCVD）等方法，在高技术中也有重要的应用。整个过程包括：反应气体输送至基体表面；反应气体分子被基体表面吸附；发生反应；生成物从表面脱附；生成物在基体表面扩散。该工艺主要用于形成致密的外延膜层。但是该工艺制备的膜层厚度较小，而且成分单一，无法制备复合材料膜[38]。

## 10.3.4　超临界流体技术

所谓超临界态流体，是指一个化学体系的温度和压力超过一定的临界条件时，会形成一种气液共存的特殊物质，该状态流体有低黏度和高扩散度的特点，而且几乎没有表面张力，有很强的输送能力，能够填补流经区域的孔隙、裂纹等缺陷。Bernebueg 等[39]将该方法应用到制备 C/C 基体表面的涂层。目前采用该方法获得的涂层是 SiC 和 $B_4C$。但是该工艺需要在高温高压下进行，对设备要求较高，成本较高，且目前技术尚不成熟。

## 10.3.5　溶胶 – 凝胶法

溶胶 – 凝胶法（sol – gel）通过有机金属醇盐或无机化合物的水解和缩聚反应制备溶胶，将基底材料置于溶胶中，水解形成凝胶，再经热处理最终得到涂层。该方法成本低、工艺简单、基体选择性小，可在较低温度下制备得到涂层。这种方法也适用于在碳纤维和 SiC 纤维上制备超高温陶瓷涂层。其缺点是制得的涂层致密性较差，且受有机金属醇盐的选择限制，所能制备的涂层体系相对较少[40]。

## 10.3.6　等离子喷涂法

等离子喷涂法是通过等离子射流将喷涂材料加热到熔融或半熔融状态，然后以较高的速度撞击到经过粗糙处理的工件表面，发生变形和凝固后，依靠机械咬合作用形成涂层的方法，几乎可以喷涂各种金属、合金、陶瓷等所有固态工程材料[41-43]。变形颗粒之间及涂层与基体之间的结合方式以机械结合为主，利用颗粒表面上的凹凸部位，在颗粒凝固的过程中形成稳定结合。等离子喷枪剖面示意图如图 10.4 所示。

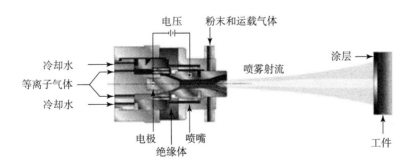

**图 10.4　等离子喷枪剖面示意图**

为了满足不同特性粉末材料以及不同涂层性能的要求，研究人员开发出了多种不同的等离子喷涂工艺。其中低压等离子喷涂工艺和真空等离子喷涂工艺可以通过降低喷涂环境的气压来实现降低环境 $O_2$ 含量，进而控制喷涂材料的氧化。但是这两种工艺在喷涂过程中必须持续保持喷涂腔室内的压力，造成工艺成本居高不下，而且喷涂腔室的尺寸与形状会对零件产生限制，工艺适应性较差。

与以上两种等离子喷涂工艺相比，大气环境等离子喷涂可以在敞开环境下进行涂层制备，而且在行程满足要求的前提下可以用于大尺寸复杂形面的涂层制备，具有较好的工艺适应性，其适用的材料种类包括金属、陶瓷以及聚合物等。近年来，北京理工大学柳彦博等[44]采用 APS 在 C/C 基体表面制备了 $ZrB_2/SiC$ 抗氧化涂层，并添加其他超高温陶瓷对复合涂层体系进行优化，制备了系列复合超高温陶瓷涂层，实现了对 C/C 复合材料抗氧化烧蚀性能的有效改善。

# 10.4　经典案例分析

针对上述超高温陶瓷防护涂层材料、结构和制备工艺的介绍，接下来通过一例超高温陶瓷涂层材料选择、结构设计和制备工艺，对陶瓷涂层的设计方法进行阐述。

通过前期研究可知，在超高温陶瓷体系中，$ZrB_2$ 和 $HfB_2$ 基 UHTCs 具有较高的热导率、适中的热膨胀系数和良好的抗氧化烧蚀性能，可以在 2 000 ℃ 以上的氧化环境中实现长时间非烧蚀，是非常有前途的非烧蚀型超高温防热材料，可用于高超声速飞行器的鼻锥、前缘及超燃冲压发动机燃烧室的关键热端部件[45-50]。在 C/C 复合材料表面制备 $ZrB_2/SiC$ 抗氧化烧蚀涂层能够有效地改善其在高温氧化环境中氧化烧蚀问题。下面将介绍采用大气等离子喷涂技术在 C/C 材料表面制备 $ZrB_2/SiC$ 涂层的具体工艺。

APS 工艺要求喷涂用的粉末粒径范围在 20~80 μm，颗粒为球形或近球形，并具有良好的流动性和强度，以保证粉末在喷涂过程中输送均匀并能够在基体表面充分铺展变形。$ZrB_2/SiC$ 复合粉末的制备过程分为以下三个环节。

**1. 浆料制备**

将所要制备的粉体按照设计配比称取并采用行星搅拌球磨机对称取好的原料粉末同粘接剂、去离子水一起进行搅拌球磨，制备喷雾造粒工艺所需的浆料。

**2. 喷雾造粒**

制备得到均匀混合的浆料后，为了防止浆料沉降分层，应立即进行喷雾造粒工序。喷雾造粒是利用高速旋转喷头将混合均匀的溶液或是悬浊液雾化成细小液滴，在液滴缓慢下落过程中，通过热风使液滴中的水分迅速挥发，原料颗粒在 PVA 的粘接作用下团聚形成球形度良好的团聚粉末。其具体喷雾造粒参数如表 10.3 所示。为了便于后续团聚粉末的烧结处理，用筛子将团聚粉末粒径控制在 75 μm 以下。

表 10.3　喷雾造粒参数

| 设备参数 | 设定值 |
| --- | --- |
| 进口温度 | 320 ℃ |
| 出口温度 | 110 ℃ |
| 送料速度 | 30 rpm |
| 喷头转速 | 40 Hz |

### 3. 感应等离子球化

通过喷雾造粒得到的团聚粉末，虽然具有适宜的球形度和流动性，但因粉末是由原料颗粒在粘接剂的粘接作用下通过机械搭接形成的，粉末的强度和致密度都较差，不利于 APS 工艺的进行。因此，需要对团聚粉末进行 IPS（感应等高子球化）处理。IPS 工艺是利用等离子体的高温将团聚粉末加热至熔融或半熔融状态，熔融后的团聚粉末在保护气氛中缓慢冷却凝固，使得团聚粉末由原料颗粒的机械搭接结构变为完全烧结或部分烧结的结构，粉末的致密度和强度随之提升。同时，在冷凝过程中熔融的粉末由于表面张力的作用发生收缩，粉末颗粒的球形度和流动性也能得到提升和改善。IPS 球化参数如表 10.4 所示。

表 10.4　IPS 球化参数

| IPS 球化参数 | 设定值 |
| --- | --- |
| Ar 流量 | 60 SCFH |
| $H_2$ 流量 | 6 SCFH |
| 处理室压力 | 15 PSI |
| 送粉速率 | 5 rpm |

在感应等离子球化过程中，由于结构较为疏松，部分团聚颗粒在球化过程发生结构破坏，形成了尺寸在 10 μm 以下的细小颗粒；同时团聚粉体表面的 SiC 也会在球化过程中发生轻微的分解升华，随后又会冷凝到粉体表面形成细小颗粒，这些小颗粒的存在，会影响复合粉末的流动性和粉末的喷涂过程。因此，还需要对球化后的粉体进行清洗和筛分。将球化后的粉体与酒精放入烧杯混合，搅拌后再将烧杯放入超声清洗仪器，10 min 后将烧杯取出，倒掉上层的液体，重复进行该过程，直至上层液体由黑褐色变为浅黄色。将清洗好的粉末在 100 ℃下烘干 10 h，最后利用 75 μm 的筛子取出大颗粒的渣滓。IPS 设备示意图如图 10.5 所示。

采用大气等离子喷涂工艺对制备得到的 $ZrB_2/SiC$ 粉末进行喷涂，通过调节控制喷枪的移动方式、移动速度及喷枪离试样表面的喷涂距离来对喷涂过程进行控制。为了缓解 $ZrB_2/SiC$ 涂层与 C/C 基体之间的热应力，在二者之间制备了一层 $SiC/Al_2O_3$ 涂层以改善热失配问题。大气等离子喷涂制备 $ZrB_2/SiC$ 面层和 $SiC/Al_2O_3$ 粘接层的工艺环节包括基体预处理和涂层制备两个环节。

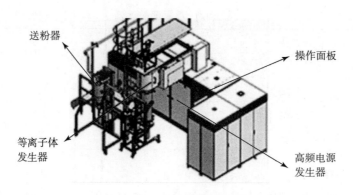

**图 10.5　IPS 设备示意图**

**1. 基体预处理**

喷涂基体为 C/C 复合材料，其碳纤维为 2D 编织，碳基体通过化学气相浸渗（CVI）制备，并经过了高温石墨化处理。C/C 基体尺寸为 $\Phi25.4$ mm $\times6$ mm。在喷涂实验开始前，先对基体表面进行吹砂活化处理。涂层与基体之间以机械咬合为主，吹砂后基体表面粗糙度增大，可有效增加基体与涂层之间的接触面积，提升涂层与基体的结合强度。吹砂处理使用的是北京新迪表面技术设备有限公司生产的 CMD – DB1500 型箱式喷砂机。在吹砂后，还需用丙酮对基体表面进行清洗以除去灰尘等污渍。

**2. 涂层制备**

在涂层制备过程中，先在基体表面制备 $SiC/Al_2O_3$ 粘接层，在粘接层制备完毕后，在粘接层表面对不同配比 $ZrB_2/SiC$ 的复合粉末进行喷涂，将 $ZrB_2/SiC$ 面层的厚度控制在 $150\sim200$ μm，最终得到不同配比的 $ZrB_2/SiC – SiC/Al_2O_3$ 涂层试样。APS 工艺参数如表 10.5 所示。

**表 10.5　APS 工艺参数**

| 涂层名称 | $ZrB_2/SiC/xSm_2O_3$ | $SiC/Al_2O_3$ |
| --- | --- | --- |
| 电流/A | 900 | 950 |
| 主气/LPM | 90 | 80 |
| 辅气/LPM | 50 | 55 |
| 载气/LPM | 10 | 10 |
| 送粉率/rpm | 2 | 3 |
| 喷涂距离/cm | 85 | 65 |

# 本 章 小 结

超高温陶瓷涂层作为高超声速飞行器结构碳基复合材料实现高温抗氧化烧蚀防护的有效方式，对保证基体结构材料在超高温有氧环境下的使用性能具有重要意义。本章针对超高温陶瓷涂层的热防护使用要求和设计准则,重点从材料的选择、结构的设计和制备工艺的选择进行介绍,并通过具体的涂层制备实例,对涂层制备全流程的设计方法进行说明。

# 参 考 文 献

[1] 周印佳. 高超声速流动—传热与材料响应耦合方法及耦合行为研究 [D]. 哈尔滨: 哈尔滨工业大学, 2016.

[2] 徐勇勤. 高超声速飞行器总体概念研究 [D]. 西安:西北工业大学, 2005.

[3] 张中伟, 王俊山, 许正辉, 等. C/C 复合材料抗氧化研究进展 [J]. 宇航材料工艺, 2004, 34 (2): 1 -7.

[4] 马康智. 等离子喷涂 $ZrB_2$ - SiC 涂层工艺优化及抗烧蚀性能的研究 [D]. 北京: 北京理工大学, 2014.

[5] BROOKES K J A. Hardmetal coatings and FGMs continue advance [J]. Metal powder report, 2000, 55 (4): 16 -20.

[6] WORRELL W L, LEE K N. High temperature alloys:US612747 [P]. 2000 -10 -03.

[7] BUCHANAN F J, LITTLE J A. Glass sealants for carbon-carbon composites [J]. Journal of material science, 1993, 28: 2324 -2330.

[8] 韩红梅, 张秀莲, 李贺军. 炭/炭复合材料高温力学行为研究 [J]. 新型炭材料, 2003, 18 (1): 20 -24.

[9] 黄敏, 李克智, 李贺军, 等. 炭/炭复合材料硼硅酸盐玻璃涂层制备及性能研究 [J]. 材料工程, 2010 (7): 78 -81.

[10] JAYASEELAN D D, ZAPATA-SOLVAS E, BROWN P, et al. In situ formation of oxidation resistant refractory coatings on SiC-reinforced $ZrB_2$ ultra high temperature ceramics [J]. Journal of the American Ceramic Society, 2012, 95 (4): 1247 - 1254.

[11] WINDHORST T, BLOUNT G. Carbon-carbon composites: a summary of recent developments and applications [J]. Materials & design, 1997, 18 (1): 11 -15.

[12] FENG T, LI H J, FU Q G, et al. High-temperature erosion resistance and aerodynamic oxidation mechanism of multi-layer $MoSi_2$ - $CrSi_2$ - Si/SiC coated carbon/ carbon composites in a wind tunnel at 1873K [J]. Carbon, 2012, 50: 2171 -2178.

[13] 马勤, 杨延清, 康沫狂. 二硅化钼用途广泛的金属间化合物 [J]. 材料开发与应用, 1997, 12 (6): 27 -32.

[14] 颜建辉, 张厚安, 李益民, 等. 二硅化钼基高温结构材料氧化行为的研究进展 [J]. 材料导报, 2005, 19 (11): 65 -68.

[15] GOLECKI I, XUE L, LEUNG R, et al. Properties of high thermal conductivity carbon-

carbon composites for thermal management applications [C]//High-Temperature Electronic Materials, Devices and Sensors Conference, 1998: 190 - 195.

[16] 郭全贵, 宋进仁, 刘朗, 等. $B_4C$ - Si C/C 复合材料高温自愈合抗氧化性能研究 I: 复合材料恒温氧化行为研究 [J]. 新型炭材料, 1998, 13 (1): 2 - 6.

[17] LI K Z, JING X, FU Q G, et al. Effects of porous C/C density on the densification behavior and ablation property of C/C - ZrC - SiC composites [J]. Carbon, 2013, 57 (3): 161 - 168.

[18] 张玉龙, 马建平, 等. 实用陶瓷材料手册 [M]. 北京: 化学工业出版社, 2006: 375 - 397.

[19] SUN W, XIONG X, HUANG B Y, et al. ZrC ablation protective coating for carbon/carbon composites [J]. Carbon, 2009, 47: 3368 - 3371.

[20] WANG Y L, XIONG X, LI G D, et al. Microstructure and ablation behavior of hafnium carbide coating for carbon/carbon composites [J]. Surface & coatings technology, 2012, 206: 2825 - 2832.

[21] 李成功, 傅恒志, 于翘, 等. 航空航天材料 [M]. 北京: 国防工业出版社, 2002: 235 - 237.

[22] OPEKA M M, TALMY I G, ZAYKOSKI J A. Oxidation-based materials selection for 2000℃ + hypersonic aerosurfaces: theoretical considerations and historical experience [J]. Journal of materials science, 2004, 39: 5887 - 5904.

[23] FENTER J R. Refractory diborides BS engineering materials [J]. SAMPE quarterly, 1971, 2 (3): 1 - 15.

[24] FAHRENHOLTZ W G. The $ZrB_2$ volatility diagram [J]. Journal of the American Ceramic Society, 2005, 88 (12): 3509 - 3512.

[25] 杨晴晴, 唐竹兴. $HfB_2$ - SiC 复合材料研究进展 [J]. 现代技术陶瓷, 2008, 115: 14 - 18.

[26] WANG Y L, XIONG X, ZHAO X J, et al. Structural evolution and ablation mechanism of a hafnium carbide coating on a C/C composite in an oxyacetylene torch environment [J]. Corrosion science, 2012, 61: 156 - 161.

[27] WANG Y J, LI H J, FU Q G, et al. SiC/HfC/SiC ablation resistant coating for carbon/carbon composites [J]. Surface and coatings technology, 2012, 206: 3883 - 3887.

[28] UPADHYA K, YANG J M, HOFFMAN W P. Materials for ultrahigh temperature structural applications [J]. American Ceramic Society bulletin, 1997, 76 (12): 51 - 56.

[29] FAHRENHOLTZ W G, HILMAS G E, TALMY I G, et al. Refractory diborides of zirconium and hafnium [J]. Journal of the American Ceramic Society, 2007 (90):

1347 – 1364.

［30］WEN G, SUI S H, SONG L, et al. Formation of ZrC ablation protective coatings on carbon material by tungsten inert gas cladding technique ［J］. Corrosion science, 2010, 52: 3018 – 3022.

［31］LI G D, XIONG X, HUANG K L. Ablation mechanism of TaC coating fabricated by chemical vapor deposition on carbon-carbon composites ［J］. Transactions of Nonferrous Metals Society of China, 2009, 19: 689 – 695.

［32］WU W. W/Ir functional coatings and their anti-ablation mechanism ［J］. Aerospace materials & technology, 2011, 14 (2): 231 – 241.

［33］张天助, 陈招科, 熊翔. C/C 复合材料 $ZrB_2$ – SiC 基陶瓷涂层制备及烧蚀性能研究 ［J］. 中国材料进展, 2013 (11): 659 – 664.

［34］HUANG J F, LI H J, ZENG X R, et al. Yttrium silicate oxidation protective coating for SiC coated carbon/carbon composites ［J］. Ceramics international, 2006, 32: 417 – 421.

［35］西北工业大学. 在碳/碳复合材料表面制备碳化硅涂层的方法: CN200510022726. 6 ［P］. 2006 – 06 – 28.

［36］CHENG L F, XU Y D, ZHANG L T, et al. Oxidation and defect control of CVD SiC coating on three-dimensional C/SiC composites ［J］. Carbon, 2002, 40 (12): 2229 – 2234.

［37］黄剑锋, 李贺军, 熊信柏, 等. 炭/炭复合材料高温抗氧化涂层的研究进展 ［J］. 新型炭材料, 2005, 20 (4): 373 – 379.

［38］WANG A, LEBRUN M, MALE G, et al. High-temperature behaviour of LPCVD $ZrB_2$ coatings subjected to intense radiative flux ［J］. Surface and coatings technology, 1995, 73: 60 – 65.

［39］BERNEBURG P L, KRUKONIS V J. Processing of carbon/carbon composites using supercritical fluid technology: US5035921 ［P］. 1991 – 07 – 30.

［40］HUANG M, LI K Z, LI H J, et al. A Cr-Al-Si oxidation resistant coating for carbon/carbon composites by slurry dipping ［J］. Carbon, 2007, 45 (5): 1124 – 1126.

［41］文波. Cf/SiC 基体等离子喷涂耐烧蚀涂层性能与防护机理研究 ［D］. 北京: 北京理工大学, 2014.

［42］NIU Y R, WANG H Y, LI H, et al. Dense $ZrB_2$ – $MoSi_2$ composite coating fabricated by low pressure plasma spray (LPPS) ［J］. Ceramics international, 2013, 39 (8): 9773 – 9777.

［43］REN X R, LI H J, FU Q G, et al. $TaB_2$ – SiC – Si multiphase oxidation protective coating for SiC-coated carbon/carbon composites ［J］. Journal of the European Ceramic Society, 2013, 33 (15 – 16): 2953 – 2959.

［44］柳彦博. 等离子喷涂 $ZrB_2/SiC$ 涂层微结构控制与抗烧蚀性能表征 ［D］. 北京：北京理工大学，2015.

［45］茅振国，罗瑞盈. C/C 复合材料抗氧化涂层材料体系的研究进展 ［J］. 合成材料老化与应用，2017，46（1）：75－84.

［46］PAVESE M, FINO P, BADINI C, et al. $HfB_2/SiC$ as a protective coating for 2D Cf / SiC composites：effect of high temperature oxidation on mechanical properties ［J］. Surface and coatings technology，2008，202（10）：2059－2067.

［47］YANG Y, LI K Z, ZHAO Z G, et al. HfC－ZrC－SiC multiphase protective coating for SiC-coated C/C composites prepared by supersonic atmospheric plasma spraying ［J］. Ceramics international，2017，43（1）：1495－1503.

［48］王天奇. 锆基高温防护涂层材料的制备工艺及性能研究 ［D］. 淄博：山东理工大学，2014.

［49］向阳. Cf/SiC 复合材料超高温陶瓷涂层的制备及性能研究 ［D］. 长沙：国防科技大学，2008.

［50］付前刚. 炭/炭复合材料抗氧化复合涂层的研究 ［D］. 西安：西北工业大学，2004.

# 第 11 章

# 超高温陶瓷防护涂层的考核及失效机理

近年来，针对高超声速飞行器碳基结构复合材料的高温氧化烧蚀问题，研究人员多采用超高温陶瓷涂层对基体材料进行有效的抗氧化烧蚀防护。根据第 10 章的介绍，超高温陶瓷涂层具有材料可选择范围广、涂层结构可设计性强和制备工艺可控性高等优点，可有效提高碳基复合材料在氧化环境下的使用温度，保证飞行器的服役安全稳定性。

在服役过程中，飞行器关键热端部件结构通常面临超高温（$>1\,800\,℃$）、强氧化、急剧加热的严酷环境，这也要求超高温陶瓷涂层在服役过程中应具有优异的维形能力和满足服役使用要求的物理与化学的稳定性，即要求材料在服役过程中本体材料结构保持完整，同时能够生成结构稳定的氧化层实现对基体材料的有效抗氧化烧蚀防护。为实现超高温陶瓷涂层的设计制备和工程应用，在前期设计制备的基础上对涂层的使用性能进行有效的考核评价具有重要意义。通过考核过程获得涂层在近似服役环境中的烧蚀响应规律和烧蚀防护机制，并基于对相关性能的表征评价获取其在超高温氧化环境中的失效机理，进一步对超高温涂层的材料结构和制备工艺进行优化设计，实现超高温陶瓷涂层热防护性能的提升。

下面将具体介绍超高温涂层的相关考核方式，并以 $ZrB_2/SiC$ 复合超高温涂层为例，对涂层的失效机制进行阐述。

## 11.1　超高温陶瓷防护涂层烧蚀考核

随着航空航天技术的发展，高超声速飞行器热端部件碳基结构复合材料的服役环境更加苛刻，超高温气动环境对碳基材料表面陶瓷涂层的热力学作用严重地影响涂层的结构稳定性。在服役条件下，陶瓷防护涂层需承载的热流密度可达 $100\,\mathrm{W\cdot cm^{-2}}$，燃流的压力、速度、涂层表面的热物力学响应和气体间的接触反应都直接影响涂层的整体状态和结构稳定性。为了检验所设计制备的涂层在服役环境中是否能够满足设计的使用要求，通常需对其进行实况考核与模拟考核。

### 11.1.1　实况考核

实况考核是指将待测涂层试样装置在实验卫星、航天飞机或部分样机上进行的专项实验，在真实的服役环境中检验涂层的抗氧化烧蚀性能，这种考核方法所得到的数据与真实数据最为接近。1996 年，NASA 提出 Hyper – X 计划，研制小尺寸高超声速飞行验证机 X – 43，如图 11.1 所示。X – 43 计划进行飞行高度 29 ~ 36 km，马赫数为 5、7、10 的飞行实验。2001 年第一次试飞以失败告终，通过调查失败的原因并进行大量精细的地面实验和数值计算，改进飞行器气动设计，终于在 2004 年成功完成马赫数 7、10 的飞行实况考核。

图 11.1　X –43A 验证机概念图

1999 年，NASA 和波音公司开始研制 X – 37 项目。2004 年，X – 37 项目由美国空军接手。2010 年 4 月，X –37B 首次升空试飞，并于 2010 年 12 月返回。其在轨实验过程的部分参数如图 11.2 所示。在此之后，X – 37B 又进行了两次飞行实验计划。X – 37B 项目的飞行实验成功，也标志着美国 NASA 提出的热防护系统防热隔热一体化和梯度化设计概念的成功实践，验证了一种低成本、高可靠、良好供给性的热防护系统，对各国开展航天器热防护系统设计具有较重要的借鉴意义。

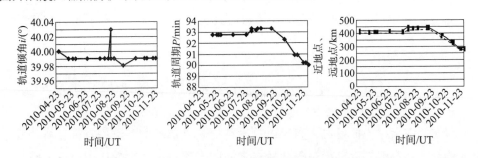

图 11.2　X –37B 轨道飞行实验的部分轨道参数变化情况

美国空军在加利福尼亚基地进行 SHARP B1 及 SHARP B2 材料的抗氧化烧蚀性能实况考核，较好地反映出了材料在实际工况下的演化过程，对材料的综合性能进行了全方位的考量。相较于其他考核方式，实况考核成本较高、实验周期长、实行难度大，一般用于耐高温材料最终的综合性能考核。近年来，为了降低考核成本，并能够较好地反映涂层的相关使用性能，各国研究人员通过模拟考核的方式，最大限度地考核涂层的相关指标，实现涂层设计制备的优化。

### 11.1.2　模拟考核

模拟考核是在实验室环境中,通过风洞、超声速燃流和氧乙炔火焰等方法模拟涂层真实的服役环境,检测涂层的抗烧蚀性能。

**1. 风洞烧蚀考核**

风洞实验是通过设置空气动力及温度来研究高温高速气流与涂层材料之间相互作用的一种空气动力实验方法。目前常用的风洞考核方式有燃气风洞、电弧风洞和高频等离子体风洞等。风洞考核可提供持续高焓、高速实验气流,是目前进行气动热实验的多用途设备,也是高超声速飞行器热防护结构考核的地面实验重要实验设备。风洞考核可针对超高温涂层的以下特性进行考核评价:涂层材料表面氧化特性实验;涂层材料表面催化特性实验;高焓流场及烧蚀产物发射光谱测量实验;涂层材料表面辐射特性实验;不同流态对气动加热的影响;缝隙气动加热实验研究;空气热弹性、高温边界层真实气体效应研究;防热材料长时间烧蚀实验;烧蚀产物对电离气体电子密度影响实验;材料长时间烧蚀及热透波实验等。以上几种风洞模拟考核方式在使用过程中主要针对高超声速飞行器服役环境进行选择。图 11.3 为电弧风洞考核实验装置示意图。

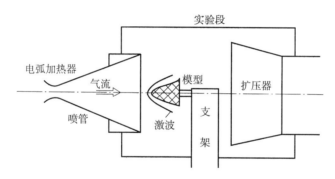

**图 11.3　电弧风洞考核实验装置示意图**

NASA 兰利研究中心是美国著名的飞行器地面实验中心。据不完全统计,该中心拥有从亚声速、跨声速到高超声速的风洞实验设备 20 余座,如 0.3 m 跨声速低温风洞、低湍流度压力风洞、超声速低扰动风洞、电弧加热型超燃风洞实验设备、燃烧加热型超燃风洞实验设备、直连式超燃实验设备和跨声速动力学风洞等。其连续型风洞(多采用燃气燃烧加热和电弧加热)单次实验时间在 $20\sim30$ s,脉冲型风洞(多采用激波加热)则在毫秒量级。连续型风洞中,燃烧加热原理最高能够提供 $6\sim7Ma$ 状态对应的来流总温;电弧加热的总温指标更高。脉冲型风洞能够提供总温和总压更高的实验气体,但实验时间很短。实验方法上,直连式实验台是将风洞的尾喷管直接与模型发动机的隔离段或燃烧室相连,模拟的是进气道压缩之后的气流,主要用于研究燃烧;自由射流式实验台则是将发动机模型放在风洞尾喷管的流场区域内,模型通常要包含进气道,风洞模拟的是飞行器感受到的自由来流,主要用于研究进气道和发动机整体性能。

图 11.4 展示了兰利中心 5 座风洞实验设备的模拟考核范围，其中 HYPULSE 在不同的运行模式下模拟范围不同：在反射激波风洞模式（HYPULSE – RST）下运行时能够覆盖的飞行马赫数范围是 5～10Ma，在激波膨胀管风洞（HYPULSE – SET）模式下则能够提供 12～21Ma 的自由来流。除了 HYPULSE 之外，其余风洞的模拟范围均集中在 4～8Ma 范围内。

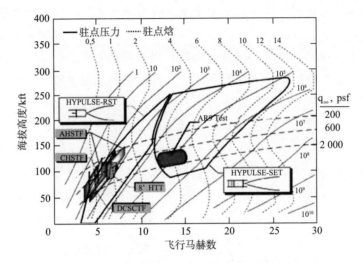

图 11.4　兰利研究中心各推进风洞的模拟范围

### 2. 超声速燃流烧蚀考核

超声速燃流烧蚀是将作为燃料的煤油和作为助燃剂的氧气混合燃烧，形成高压燃气。通过喷管将燃气加速至超声速，产生带粒子的高温高压工作燃气。超声速火焰出口处射流平均温度可达 2 800 K，气流速度可达 2 150 m·s⁻¹，粒子速度约 600 m·s⁻¹，焰流高速流出喷枪后，进入大气，形成湍流焰流。焰流的各气动参量，在其横截面分布并不是均匀的，焰流中心和焰流边缘之间差别较大，从焰流中心至边缘，各气动参量呈抛物线分布，并且具有相似性。为了研究的方便，通常以轴心线处的气动参量来表征焰流的特征。杨文慧等采用超声速火焰分别在 2 300 K 和 2 500 K 温度对 HfC – SiC 超高温陶瓷试样进行烧蚀；王德文等为模拟固体火箭发动机绝热材料的工作环境，在氧气和煤油为燃料的燃气中加入 $Al_2O_3$ 粒子，对 C/C 复合材料进行超声速火焰烧蚀实验。目前，超声速燃流烧蚀多用于结构复合材料抗烧蚀性能和复合材料表面超高温陶瓷涂层的抗氧化烧蚀性能考核研究。

下面以美国 Praxair – Tafa 公司生产的 JP5000 型超音速火焰喷枪为燃流发生装置，以氧 – 煤油为燃料，以 C/C 复合材料表面 $ZrB_2$/SiC 超高温陶瓷涂层（75 vol% $ZrB_2$/25 vol% SiC）为考核对象，对超声速燃流作用下涂层的烧蚀特性进行实例介绍（图 11.5）。该喷枪燃流由航空煤油和氧气混合后燃烧形成，通过高压燃烧室（＞106 Pa）和拉瓦尔喷嘴结构使得燃流获得相应的速度。另外，为了防止燃烧不充分形成积炭，该喷枪系统设置氧气过量。

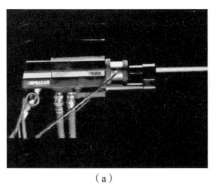

（a）　　　　　　　　　　　　（b）

**图 11.5　JP5000 超声速火焰喷枪烧蚀考核示意图**

（a）JP5000 超声速火焰喷枪；（b）烧蚀考核状态

烧蚀燃流参数设定如表 11.1 所示，由于超声速火焰喷枪所产生的燃流温度高、速度快，测量难度大，研究人员采用热电偶对较远距离的燃流温度进行了近似标定，以表 11.1 所示参数获得的燃流温度与距离的关系如图 11.6 所示。

**表 11.1　抗氧化烧蚀考核用 JP5000 超声速火焰参数**

| 设备参数 | 氧气流量/SCFH | 煤油流量/LPM |
| --- | --- | --- |
| 参数值 | 2 000 | 21 |

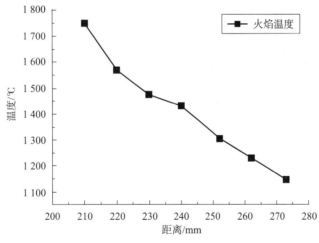

**图 11.6　燃流轴向温度－距离分布曲线**

在考核过程中，结合燃流温度的标定结果，以具体考核温度要求为目的，确定涂层样品在不同烧蚀温度要求下的烧蚀距离。烧蚀考核过程中以涂层发生崩落或飞溅为失效点，涂层在燃流作用后发生失效的时间为该涂层在一定烧蚀条件下的抗烧蚀寿命，如果烧蚀时间达到了实验设计的时间长度，且涂层未发生失效，则以设计时间作为该试样涂层的使用寿命。通过涂层的质量烧蚀率来表征其抗氧化烧蚀性能，通过涂层烧蚀前后宏观形貌的变化和物相结构以及成分的变化来反映涂层在燃流作用下的宏微观响应规律与机制。

### 3. 氧乙炔火焰烧蚀考核

氧乙炔火焰烧蚀考核是利用氧乙炔火焰发生器产生的焰流垂直于待测实验表面进行烧蚀，通过测量烧蚀时间并根据烧蚀考核后试样的线烧蚀率和质量烧蚀率等指标来对材料的抗氧化烧蚀性能进行表征，具有实施难度低、燃流状态可调节性高等优点，是目前超高温陶瓷涂层体系研究初期进行考核的常用方法。

为获得准确的燃流物性参数，更近似地模拟考核实验条件，准确地评价涂层的抗氧化烧蚀性能，需对燃流场的热流密度、温度和燃流速度等燃流场特征的基本物理参量进行准确测量定义。目前对燃流场温度的测量主要有采用热电偶等接触测温方式和采用红外测温仪等非接触式测温两种。针对燃流的热流密度测量目前仍未有十分准确有效的测量方法，主要基于热焓探针技术实现对燃流场热流密度的近似测量。

下面以美国 Praxair – Tafa 公司生产的 FP – 73 型氧乙炔火焰喷枪为燃流发生装置，以 C/C 复合材料表面 $ZrB_2/SiC$ 超高温陶瓷涂层（75 vol% $ZrB_2$/25 vol% SiC）为考核对象，对涂层在氧乙炔燃流下的烧蚀考核进行实例介绍。其具体实验装置如图 11.7（a）所示，该喷枪口径为 13 mm，氧气和乙炔流量通过流量计进行调节并显示流量值。为了对喷枪实施冷却，该设备设置了压缩空气注入系统，控制方法为气体压力控制，烧蚀考核状态如图 11.7（b）所示。

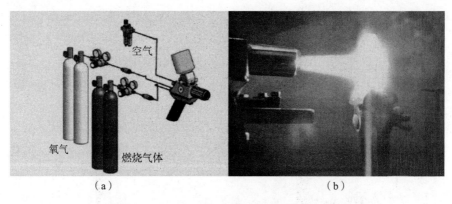

（a）                                   （b）

**图 11.7    FP – 73 氧乙炔喷枪烧蚀考核示意图**

（a）FP – 73 氧乙炔火焰喷枪系统；（b）烧蚀考核状态

为了测定涂层表面的考核温度，采用美国 Raytex Marathon MRIS 型双比色红外测温仪进行温度的标定。为不同的试样分别设计了考核距离与考核时间，以获得涂层在不同烧蚀工艺参数下的烧蚀响应规律。烧蚀系统主要控制氧气流量及压力、乙炔流量及压力、烧蚀角度与烧蚀距离等参数，具体参数如表 11.2 所示。

**表 11.2    氧乙炔喷枪设备参数**

| 参数名称 | 设定值 |
| --- | --- |
| 氧气流量 | 20 L/min |
| 氧气压力 | 0.55 MPa |

续表

| 参数名称 | 设定值 |
|---|---|
| 乙炔气流量 | 45 L/min |
| 乙炔气压力 | 0.25 MPa |
| 压缩空气压力 | 0.1 MPa |

与超声速火焰烧蚀的失效评价标准相同，通过涂层的质量烧蚀率来表征其抗氧化烧蚀性能，通过涂层烧蚀前后宏观形貌的变化和物相结构以及成分的变化来反映涂层在燃流作用下的宏微观响应规律与机制。

## 11.2　超高温陶瓷防护涂层的防护失效机理

### 11.2.1　超高温陶瓷涂层的防护机制

超高温陶瓷涂层是目前提高碳基复合材料抗高温氧化烧蚀的最有效方式，它可以大幅度提高碳基复合材料在氧化环境下的使用温度和使用时间。碳基复合材料抗氧化烧蚀涂层的设计基本原理是将内部材料与氧化性环境隔开，实现基体材料在超高温氧化环境下的长时间结构稳定。图 11.8 给出了在设计制备碳基复合材料表面超高温陶瓷涂层时应注意的各种影响因素。

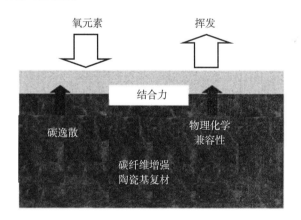

**图 11.8　涂层的抗氧化性能的影响因素示意图**

从图 11.8 中可以看出，可靠有效的长时间高温抗氧化涂层必须具有以下特性：①涂层本身必须具有良好的表面稳定性，同时拥有很低的氧渗透率，限制氧气的渗透；②考虑到涂层使用的实际环境，涂层要尽可能承受一定的压、拉应力和冲击力，有较好的耐腐蚀性，主要包括耐酸性、耐碱性、耐盐性、耐潮湿性等，以保证复合材料的使用性能；③涂层材料应具有较好的相结构稳定性，减少涂层中的应力和裂纹，防止涂层的早期失效；④涂层与复合材料之间、涂层各层之间要有良好的化学性能匹配，在高温下不发生不利于抗氧化性能实现的反应；⑤为了避免因涂层与基底材料的热膨胀系数不匹配而导致的脱落或开裂，涂层与复合材料之间以及涂层各层之间的热膨胀系数尽可能接近或实现负梯度；⑥涂层与复合材料之间具有较高的结合强度，多层涂层之间也要有良好的结合，以免分层或者脱落；⑦涂层要均匀、致密、缺陷少，具有一定的自愈合能力，能封闭从氧化温度阈值到最大使用温度区间产生的裂纹；⑧为防止涂层太快地挥发，涂层材料要具有较低的蒸汽压，避免高温下自行退化和防止在高速气流中过分烧蚀；⑨涂层必须能阻止基体碳向外扩散，以避免涂层由于碳热还原反应而减少甚至失效。

### 11.2.2　超高温陶瓷涂层失效的影响因素

超高温陶瓷防护涂层主要依靠涂层在烧蚀过程中氧化生成的氧化膜将内部材料与氧化性环境隔开。一旦氧化膜难以阻挡氧气向内部的扩散，涂层即发生失效。在烧蚀过程众多影响因素中，涂层材料体系、燃流的温度和烧蚀时间是影响涂层氧化烧蚀程度的直接影响因素。图 11.9 给出了不同超高温陶瓷防护涂层材料在一定烧蚀温度下涂层表面氧化层特性随时间的动态演变。可以看出，在单一涂层材料体系下，涂层表面氧化层特性的演变取决于烧蚀时间，在一定烧蚀温度下涂层随着烧蚀时间的增加出现失效破坏。同时，在相同的高焓、高热流加热环境下，不同材料失效时间和失效温度也表现出极大的差异（温差 >500 ℃），这说明涂层自身的材料体系是影响涂层热防护温度阈值和时间阈值的关键。

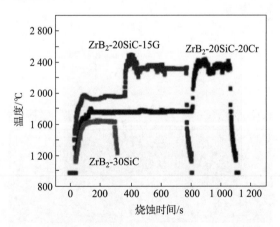

**图 11.9　相同气动热环境下不同材料的温度曲线**

前面介绍，超高温陶瓷涂层的材料选择是影响涂层抗氧化烧蚀性能的基础，其中涂层所选用的超高温陶瓷材料是指在高温环境以及反应气氛中能够保持物理和化学稳定性的一类陶瓷材料。目前，在已经得到研究的所有超高温陶瓷材料中，$ZrB_2$ 和 $HfB_2$ 基超高温陶瓷材料具有较高的热导率、适中的热膨胀系数和良好的抗氧化烧蚀性能，可以在 2 000 ℃以上的氧化环境中实现长时间非烧蚀，是非常有前途的非烧蚀型超高温防热材料，可用于高超声速飞行器的鼻锥、前缘以及超燃冲压发动机燃烧室的关键热端部件。接下来，以 $ZrB_2$ 为例，介绍超高温陶瓷材料自身氧化演化机制，并对 $ZrB_2$ 基超高温陶瓷材料的改性优化的氧化机制进行介绍。

ZrB$_2$ 在 1 100 ℃ 以下生成的氧化层 B$_2$O$_3$ 和 ZrO$_2$ 可为 ZrB$_2$ 基体提供良好的抗氧化防护效果，但温度高于 1 200 ℃ 之后，氧化生成的 B$_2$O$_3$ 会因为具有高的挥发蒸汽压而大量挥发从而使材料渐失抗氧化保护能力，同时 ZrO$_2$ 由于低的挥发蒸汽压，在高温下稳定存在。

ZrB$_2$ 基超高温陶瓷的氧化失效主要取决于两个临界温度，即氧化反应内层极限温度（2 066 ℃）和氧化外层极限温度（2 700 ℃）。当超过这两个温度中的任何一个时，材料的氧化烧蚀速率会提高几个数量级，转变成活性氧化。图 11. 10 为 ZrB$_2$ 基超高温陶瓷在烧蚀实验过程中的照片，当材料内部氧化反应区的温度超过 2 066 ℃ 时，氧化层会发生喷溅现象，当材料表面温度超过 2 700 ℃ 时，生成的氧化层将在气流的作用下被吹除，从而失去抗氧化保护性能。

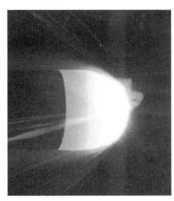

**图 11. 10　ZrB$_2$ 基超高温陶瓷在烧蚀实验过程中的照片**

为进一步提升 ZrB$_2$ 基超高温陶瓷的宽温区抗氧化烧蚀性能，研究人员多引入硅化物陶瓷来对 ZrB$_2$ 基超高温陶瓷进行优化。其中 SiC 的加入对超高温陶瓷抗氧化烧蚀性能和综合性能的提高具有显著的效果，可有效弥补 B$_2$O$_3$ 和 ZrO$_2$ 的防护温度空白。SiC 氧化生成的 SiO$_2$ 可覆盖在材料表面和/或填充 ZrO$_2$ 骨架结构的孔隙，起到良好的抗氧化保护作用。SiC 的氧化产物 SiO$_2$ 在 1 850 ℃ 以下具有良好的抗氧化保护作用，更高的温度下 SiO$_2$ 会发生熔融挥发。10 vol% ～ 30 vol% SiC 的引入可以显著提升超高温陶瓷材料的抗氧化烧蚀性能，SiC 体积含量为 20% 左右时在整个温度区间内均具有优异的抗氧化性能。超高温陶瓷晶粒的细化对材料的抗氧化性能有利，材料抗氧化性能的提高是由于晶粒的减小会引起 SiC 晶粒在单位面积上分布的均匀度的提高。SiC 晶粒在基体中分布得越均匀，氧化生成的 SiO$_2$ 在 ZrO$_2$ 中的分布也越均匀，这样 SiO$_2$ 更有效地填充孔洞、弥合缺陷从而阻碍氧气的进入以提高材料的抗氧化性能。

图 11. 11 以 ZrB$_2$/SiC 复合涂层材料为例，总结了其在整个温区内的氧化层特征及演变规律。可以看出 ZrB$_2$ 在 700 ℃ 以上开始出现氧化，生成具有保护性的 B$_2$O$_3$，随着温度的升高，SiC 开始发生氧化，生成 SiO$_2$。同时 B$_2$O$_3$ 发生挥发带走涂层材料表面的热量，当温度升高到 1 600 ℃，SiO$_2$ 发生熔融挥发，并在涂层材料表面形成致密的熔融层，

有效地阻隔氧气的进入。随着温度进一步升高，ZrB$_2$发生活性氧化反应，在表面附着形成 ZrO$_2$ 陶瓷层，高温下生成的氧化层为多孔结构。同时作为热防护材料在 2 000 ℃ 以上使用时，通常材料表面和内部存在一定的温度梯度，使得材料可以在内层临界温度以上使用。对于气体压力较低的服役环境，氧化层的完整性可以保持到 2 500 ℃ 左右。

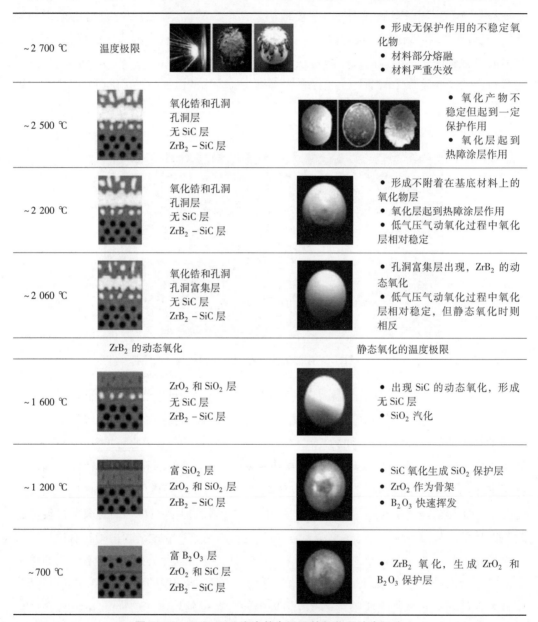

| ~2 700 ℃ | 温度极限 | | • 形成无保护作用的不稳定氧化物<br>• 材料部分熔融<br>• 材料严重失效 |
|---|---|---|---|
| ~2 500 ℃ | | 氧化锆和孔洞<br>孔洞层<br>无 SiC 层<br>ZrB$_2$ – SiC 层 | • 氧化产物不稳定但起到一定保护作用<br>• 氧化层起到热障涂层作用 |
| ~2 200 ℃ | | 氧化锆和孔洞<br>孔洞层<br>无 SiC 层<br>ZrB$_2$ – SiC 层 | • 形成不附着在基底材料上的氧化物层<br>• 氧化层起到热障涂层作用<br>• 低气压气动氧化过程中氧化层相对稳定 |
| ~2 060 ℃ | | 氧化锆和孔洞<br>孔洞富集层<br>无 SiC 层<br>ZrB$_2$ – SiC 层 | • 孔洞富集层出现，ZrB$_2$ 的动态氧化<br>• 低气压气动氧化过程中氧化层相对稳定，但静态氧化时则相反 |
| | ZrB$_2$ 的动态氧化 | | 静态氧化的温度极限 |
| ~1 600 ℃ | | ZrO$_2$ 和 SiO$_2$ 层<br>无 SiC 层<br>ZrB$_2$ – SiC 层 | • 出现 SiC 的动态氧化，形成无 SiC 层<br>• SiO$_2$ 汽化 |
| ~1 200 ℃ | | 富 SiO$_2$ 层<br>ZrO$_2$ 和 SiO$_2$ 层<br>ZrB$_2$ – SiC 层 | • SiC 氧化生成 SiO$_2$ 保护层<br>• ZrO$_2$ 作为骨架<br>• B$_2$O$_3$ 快速挥发 |
| ~700 ℃ | | 富 B$_2$O$_3$ 层<br>ZrO$_2$ 和 SiC 层<br>ZrB$_2$ – SiC 层 | • ZrB$_2$ 氧化，生成 ZrO$_2$ 和 B$_2$O$_3$ 保护层 |

图 11.11　ZrB$_2$/SiC 陶瓷整个温区的氧化层演变行为

## 11.2.3　超高温陶瓷涂层的失效机理

通过超高温陶瓷涂层的防护机制的介绍得知，涂层实现抗氧化防护主要靠氧化层的形成，阻碍氧向基体扩散。接下来，继续以 ZrB$_2$/SiC 超高温涂层为例，对其在烧蚀过程中的失效机制进行介绍。在氧化烧蚀过程中，随着烧蚀温度升高和烧蚀时间延长，$ZrB_2/SiC$ 涂层的形貌、组织结构以及成分分布特征变化呈现由烧蚀中心区域开始并向四周扩张的趋势。涂层中得以保留的氧化产物包括 $ZrO_2$ 与 $SiO_2$。其中 $SiO_2$ 的形成机理较为复杂，且其分布状态随氧化烧蚀条件的不同变化明显。因此，根据 $SiO_2$ 形成过程与分布状态不同，可在 $ZrB_2/SiC$ 体系中将涂层的氧化烧蚀过程划分为如下几类：SiC 被动氧化生成 $SiO_2$、SiC 主动氧化生成 $SiO_2$、$SiO_2$ 的汽化消耗。各个过程都有与之对应的温度、氧分压条件，并形成特有的组织结构与成分分布特征。

**1. 被动氧化阶段**

该过程的出现是涂层温度达到 SiC（800 ℃）的氧化起始温度以上，并且在周围气氛中的 $O_2$ 分压足够高，使得表层 SiC 直接反应生成 $SiO_2$，其间涂层内部不存在 SiO 的生成与传输过程。在此过程中，$ZrB_2$（氧化起始温度700 ℃）也会发生氧化反应生成 $ZrO_2$。最终造成涂层表层发生成分与组织结构的变化，而涂层内部基本保持原始状态。

图 11.12（a）为 $ZrB_2/SiC$ 超高温陶瓷涂层烧蚀之后的表面整体形貌，可以发现此区域内涂层表面的形貌与喷涂后涂层的表面形貌基本一致，以颗粒团簇为主，表面粗糙度较高，缺陷以孔隙、裂纹为主。孔隙及裂纹分布于区域内颗粒之间，孔隙尺寸变化较大。在涂层表面还可以发现快速熔凝态物质的存在，其中快速熔凝态物质填充于

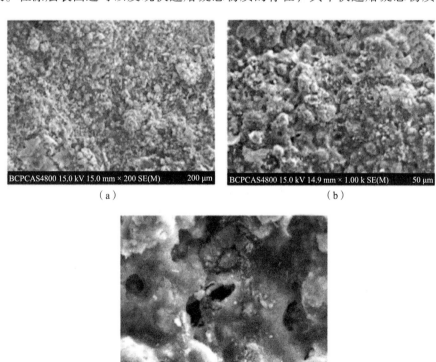

（a）　　　　　　　　　　　　　（b）

（c）

**图 11.12　陶瓷涂层表面形貌组织**

（a）涂层表面整体形貌；（b）颗粒组织形貌；（c）快速熔凝态组织形貌

颗粒之间，实现了对颗粒表面的包裹，同时对颗粒间的界面间隙、搭接孔隙的缺陷进行一定程度的封填，对于防止 $O_2$ 向 C/C 基体的扩散与渗入起到了一定的阻隔作用。

**2. SiC 主动氧化阶段**

SiC 主动氧化的产生条件是温度较高且在涂层中存在 $O_2$ 分压梯度。该过程中 $SiO_2$ 的生成分为两个阶段：首先是与 $O_2$ 发生氧化反应生成气态的 SiO，由于其具有较高的蒸汽压，一旦生成，便会沿着涂层中的缺陷排出；当 SiO 到达涂层表层后，由于 $O_2$ 分压上升，环境中的 $O_2$ 浓度增加，SiO 便与 $O_2$ 进一步反应生成 $SiO_2$。在涂层温度未达到 $SiO_2$ 汽化温度的条件下，生成的 $SiO_2$ 存留于涂层表面，并在相应区域形成 $SiO_2$ 的富集。在此过程中，涂层内部与 $O_2$ 接触的 $ZrB_2$ 也会发生氧化反应，在涂层内部形成 $ZrO_2$，而涂层内部的 Si 原子则由于 SiO 的传输过程而形成分布状态的改变。涂层过渡区域表面形貌如图 11.13 所示。

 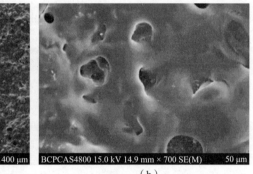

（a） （b）

**图 11.13 涂层过渡区域表面形貌**

（a）涂层表面整体形貌；（b）$SiO_2$ 玻璃表面形貌

**3. $SiO_2$ 的汽化消耗**

最后一个过程，与之相应的是涂层温升最高，氧化烧蚀时间最长。在此过程中，涂层内部的 SiC 在主动氧化过程中已全部消耗，且由于涂层温度高于 $SiO_2$ 快速汽化的温度，该区域内无 Si 原子存留。由于此时的面层是氧扩散率较高的 $ZrO_2$，且面层中的缺陷无法封填，$O_2$ 得以穿过面层与包埋层发生反应，造成涂层内部界面被破坏，最终导致界面开裂。由于高温的作用，此区域内的 $ZrO_2$ 发生了烧结，涂层表面颜色呈乳白色。涂层中 $SiO_2$ 耗尽区截面形貌及组织结构如图 11.14 所示。

## 11.2.4 $ZrB_2/SiC$ 涂层烧蚀机理分析

由图 11.12～图 11.14 等涂层微观结构图可以发现，该涂层区域内的表面主要由 $ZrO_2$ 颗粒所组成，且存在大量的气孔，在气孔周围有熔凝状的颗粒组织存在。对气孔周围组织进行放大观察可以发现，在剥落区域周边涂层表面，$ZrO_2$ 呈现熔融后再结晶

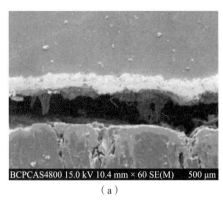 

BCPCAS4800 15.0 kV 10.4 mm × 60 SE(M)　500 μm

（a）

BCPCAS4800 15.0 kV 8.5 mm × 700 SE(M)　50.0 μm

（b）

**图 11.14　涂层中 SiO₂ 耗尽区截面形貌及组织结构**

（a）涂层整体形貌；（b）ZrO₂ 层烧结后组织形貌

的状态，表明该温度下 $ZrO_2$ 曾经完全熔融呈液态，而 $SiO_2$ 在此温度条件下快速汽化，从涂层表面消失。整个 $ZrO_2$ 再结晶区的表面平整，但是在气孔周围存在颗粒状的组织，呈现气体冲破时的形貌，通过元素种类检测后发现仍为 $ZrO_2$，表明当此区域内的 $ZrO_2$ 熔融后，涂层内部有大量的熔融挥发性气体生成，并冲破 $ZrO_2$ 熔融层散逸到周围空气中。

　　根据涂层形貌以及烧蚀条件对其失效机理做如下分析：当 SiC 的体积含量提高至 40% 后，在烧蚀考核过程中会产生大量的 $SiO_2$ 气体。尽管这些 $SiO_2$ 有利于对涂层中孔隙的封填，但是其含量较高，易于在涂层表面以及内部通过流动相互融合，当温度升至其沸点以上后，大量的 $SiO_2$ 汽化散逸，反而会在固态颗粒之间快速形成空穴，形成尺寸较大的缺陷，导致 $O_2$ 的快速渗入；另外，涂层中的很多颗粒之间是依靠玻璃态物质实现附着与联结的，液态物质的大量消失，陶瓷颗粒与周围环境失去黏结相，进而从涂层表面脱落，形成大尺寸缺陷；涂层内部大量的 SiC 在高温、低氧分压条件下会形成大量的 SiO、CO 等气体，这些气体会在涂层的内部形成较大的压力，在向外排散的过程中会冲破表面的熔融物质，促进缺陷的萌生，并使得其尺寸快速增长，最终导致涂层发生剥落失效。

## 本 章 小 结

　　为实现超高温陶瓷涂层设计使用性能的考核，本章以超高温陶瓷涂层的考核方式为出发点进行介绍，并以具体实例说明了目前超高温陶瓷涂层的超声速火焰烧蚀考核与氧乙炔火焰烧蚀考核的工艺流程和烧蚀参数设置。结合 $ZrB_2/SiC$ 超高温涂层的氧乙炔火焰烧蚀考核实例，对超高温陶瓷涂层氧化防护机制和烧蚀性能主要影响因素以及失效机理进行阐述，对涂层材料的氧化演化机制进行分析，为实现涂层材料的改性优化提供理论参考依据。

# 参 考 文 献

［1］ 徐勇勤. 高超声速飞行器总体概念研究［D］. 西安：西北工业大学，2005.

［2］ 张中伟，王俊山，许正辉，等. C/C 复合材料抗氧化研究进展［J］. 宇航材料工艺，2004，34（2）：1-7.

［3］ RACCA G D. Moon surface thermal characteristics for moon orbiting spacecraft thermal analysis［J］. Planetary and space science，1995，43（6）：835-842.

［4］ MONTALENTI P，STANGERUP P. Thermal simulation of NiCd batteries for spacecraft［J］. Journal of power sources，1997，2（2）：147-162.

［5］ 陈南施. 高超声速飞行器仪器舱防隔热与热控一体化分析［D］. 哈尔滨：哈尔滨工业大学，2018.

［6］ 孟竹喧. 高超声速飞行器气动热环境仿真与防热结构分析［D］. 长沙：国防科技大学，2014.

［7］ 周志勇，马彬，张萃，等. X-37B 轨道试验飞行器可重复使用热防护系统综述［J］. 航天器工程，2016（4）：95-101.

［8］ 王璐，王友利. 高超声速飞行器热防护技术研究进展和趋势分析［J］. 宇航材料工艺，2016（1）：1-6.

［9］ 万婧. 航天飞行器结构系统在热—力耦合环境下的健康监控技术研究［D］. 西安：西北工业大学，2006.

［10］ 沈玲玲，吕国志，姚磊江. 空天飞行器再入过程中关键热结构的热分析［J］. 强度与环境，2006（2）：17-22.

［11］ 康芹. 发动机舱的热仿真与热分析［D］. 西安：西北工业大学，2007.

［12］ 唐占文. 高热流密度航天器精确热分析方法研究［D］. 哈尔滨：哈尔滨工业大学，2008.

［13］ 姜志杰，张擘毅，何浩，等. 高超声速飞行器鼻锥的热环境和结构热分析研究［J］. 导弹与航天运载技术，2009（4）：14-17，22.

［14］ 焦更生. 碳/碳复合材料的氧化及其防护［J］. 渭南师范学院学报，2006（5）：39-42.

［15］ SHEN X T，LI K Z，LI H J，et al. Microstructure and ablation properties of zirconium carbide doped carbon/carbon composites［J］. Carbon，2010，48（2）：344-351.

［16］ 孟祥利，崔红，闫联生，等. 基体改性 C/C-HfC-HfB$_2$-SiC 复合材料抗烧蚀性能研究［J］. 中国材料进展，2013，32（11）：655-658，675.

［17］ FU Q G，ZHANG J P，LI H J. Advances in the ablation resistance of C/C composites［J］. Carbon，2015，93：1081.

［18］ 茅振国，罗瑞盈. C/C 复合材料抗氧化涂层材料体系的研究进展［J］. 合成材料

老化与应用，2017，46（1）：75－84.

[19] 付前刚，李贺军，沈学涛，等. 国内 C/C 复合材料基体改性研究进展［J］. 中国材料进展，2011，30（11）：6－12.

[20] 王海军，王齐华，顾秀娟. 碳/碳复合材料抗氧化行为的研究进展［J］. 材料科学与工程学报，2003（1）：117－121.

[21] HUANG H M, WANG J X, DU S Y, et al. Thermochemical ablation of spherical cone during re-entry［J］. Journal of Harbin Institute of Technology（new series），2001，8（1）：18－22.

[22] GUO W M, XIAO H N. Mechanisms and modeling of oxidation of carbon felt/carbon composites［J］. Carbon，2007，45（5）：1058－1065.

[23] JACOBSON N S, CURRY D M. Oxidation microstructure studies of reinforced carbon/carbon［J］. Carbon，2006，44（7）：1142－1150.

[24] CROKER P, MCENANEY B. Oxidation and fracture of a woven 2D carbon-carbon composite［J］，Carbon，1991，29（7）：881－885.

[25] LABRUQUERE S, BLANCHARD H, PAILLER R, et al. Enhancement of the oxidation resistance of interfacial area in C/C composites. Part Ⅱ：oxidation resistance of B－C，Si－B－C and Si－C coated carbon preforms densified with carbon［J］. Journal of the European Ceramic Society，2002，22（7）：1011－1021.

[26] 肖汉宁，陈钢军，高朋召，等. 磷酸盐涂层制备工艺对碳纤维抗氧化性的影响［J］. 湖南大学学报（自然科学版），2007，34（8）：41－44.

[27] WINDHORST T, BLOUNT G. Carbon-carbon composites：a summary of recent developments and applications［J］. Materials & design，1997，18（1）：11－15.

[28] LI K Z, JING X, FU Q G, et al. Effects of porous C/C density on the densification behavior and ablation property of C/C-ZrC-SiC composites［J］. Carbon，2013，57（3）：161－168.

[29] 杨鑫，黄启忠，苏哲安，等. C/C 复合材料的高温抗氧化防护研究进展［J］. 宇航材料工艺，2014，44（1）：1－15.

[30] 陈玉峰，朱时珍，等. 空天飞行器用热防护陶瓷材料［J］. 现代技术陶瓷，2017（5）：311－390.

[31] 耿艳栋，肖建军. 关于空天一体化的初步研究［J］. 装备指挥技术学院学报，2004，15（6）：19－52.

[32] 张志成. 高超声速气动热和热防护［M］. 北京：国防工业出版社，2003.

[33] TSIEN H S. Similarity laws of hypersonic flows［J］. Journal of mathematics physics，1946，25：247－251.

[34] 瞿章华，曾明，刘伟. 高超声速空气动力学［M］. 长沙：国防科技大学出版社，2001：1－4.

［35］阳京. 高超声速飞行器结构热分析方法研究［D］. 长沙：国防科技大学，2011.

［36］范绪箕. 气动加热与热防护系统［M］. 北京：科学出版社，2004：1－2.

［37］姜贵庆，刘连元. 高速气流传热与烧蚀热防护［M］. 北京：国防工业出版社，
2003：1－9.

［38］DELAVAL R，PALAVIT G，REY J，et al. Method for protecting a porous carbon-containing material from oxidation，and material obtained thereby：US5714244［P］.
1998－02－03.

［39］THEBAULT J，LAXAGUE M，REY J，et al. Method for applying an anti-oxidative coating on brake disks of a carbon-containing composite material：US5686144［P］.
1997－11－11.

［40］FANG H T，ZHU J C，YIN Z D，et al. A Si-Mo fused slurry coating for oxidation protection of carbon-carbon composites［J］. Journal of materials science letters，2001，
20（2）：175－177.

［41］TERENTIEVA V S，BOGACHKOVA O P，GORIATCHEVA E V. Method for protecting products made of a re fractory material against oxidation，and resulting producted products：US5677060［P］. 1997－10－14.

［42］杜雪菲. 预氧化对 $ZrB_2$ － SiC － G 超高温陶瓷材料力学性能及抗热震性的影响
［D］. 哈尔滨：哈尔滨工业大学，2012.

# 彩　　插

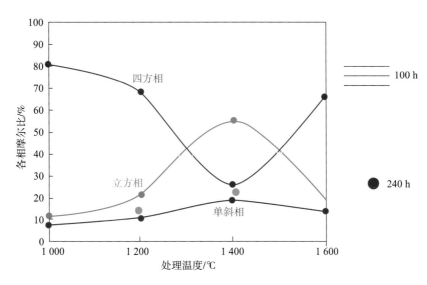

图 1.1　高温下 YSZ 涂层的热稳定性（$T > 1\,200\ ℃$）

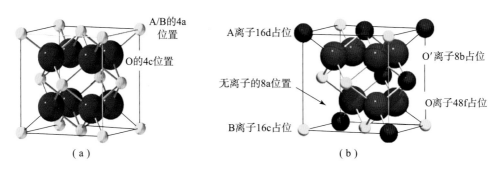

图 2.2　萤石和焦绿石型化合物的晶体结构

（a）萤石结构；（b）焦绿石结构

表 2.1 元素周期表

**图例说明**

92 U 铀（铀）　5f³6d¹7s²　238.0
- 原子序数
- 元素符号，红色指放射性元素
- 元素名称（注 * 的是人造元素）
- 外围电子层排布，括号指可能的电子层排布
- 相对原子质量（加括号的数据为该放射性元素半衰期最长同位素的质量数）

- 金属
- 稀有气体
- 非金属
- 过渡元素

| 周期 \ 族 | I A | II A | III B | IV B | V B | VI B | VII B | Ⅷ (8) | Ⅷ (9) | Ⅷ (10) | I B | II B | III A | IV A | V A | VI A | VII A | 0 |
|---|---|---|---|---|---|---|---|---|---|---|---|---|---|---|---|---|---|---|
| 1 | 1 H 氢 1s¹ 1.008 | | | | | | | | | | | | | | | | | 2 He 氦 1s² 4.003 |
| 2 | 3 Li 锂 2s¹ 6.941 | 4 Be 铍 2s² 9.012 | | | | | | | | | | | 5 B 硼 2s²2p¹ 10.81 | 6 C 碳 2s²2p² 12.01 | 7 N 氮 2s²2p³ 14.01 | 8 O 氧 2s²2p⁴ 16.00 | 9 F 氟 2s²2p⁵ 19.00 | 10 Ne 氖 2s²2p⁶ 20.18 |
| 3 | 11 Na 钠 3s¹ 22.99 | 12 Mg 镁 3s² 24.31 | | | | | | | | | | | 13 Al 铝 3s²3p¹ 26.98 | 14 Si 硅 3s²3p² 28.09 | 15 P 磷 3s²3p³ 30.97 | 16 S 硫 3s²3p⁴ 32.06 | 17 Cl 氯 3s²3p⁵ 35.45 | 18 Ar 氩 3s²3p⁶ 39.95 |
| 4 | 19 K 钾 4s¹ 39.10 | 20 Ca 钙 4s² 40.08 | 21 Sc 钪 3d¹4s² 44.96 | 22 Ti 钛 3d²4s² 47.87 | 23 V 钒 3d³4s² 50.94 | 24 Cr 铬 3d⁵4s¹ 52.00 | 25 Mn 锰 3d⁵4s² 54.94 | 26 Fe 铁 3d⁶4s² 55.85 | 27 Co 钴 3d⁷4s² 58.93 | 28 Ni 镍 3d⁸4s² 58.69 | 29 Cu 铜 3d¹⁰4s¹ 63.55 | 30 Zn 锌 3d¹⁰4s² 65.58 | 31 Ga 镓 3d¹⁰4s²4p¹ 69.72 | 32 Ge 锗 3d¹⁰4s²4p² 72.63 | 33 As 砷 4s²4p³ 74.92 | 34 Se 硒 4s²4p⁴ 78.96 | 35 Br 溴 4s²4p⁵ 79.90 | 36 Kr 氪 4s²4p⁶ 83.80 |
| 5 | 37 Rb 铷 5s¹ 85.47 | 38 Sr 锶 5s² 87.62 | 39 Y 钇 4d¹5s² 88.91 | 40 Zr 锆 4d²5s² 91.22 | 41 Nb 铌 4d⁴5s¹ 92.91 | 42 Mo 钼 4d⁵5s¹ 95.96 | 43 Tc 锝 4d⁵5s² [98] | 44 Ru 钌 4d⁷5s¹ 101.1 | 45 Rh 铑 4d⁸5s¹ 102.9 | 46 Pd 钯 4d¹⁰ 106.4 | 47 Ag 银 4d¹⁰5s¹ 107.9 | 48 Cd 镉 4d¹⁰5s² 112.4 | 49 In 铟 5s²5p¹ 114.8 | 50 Sn 锡 5s²5p² 118.7 | 51 Sb 锑 5s²5p³ 121.8 | 52 Te 碲 5s²5p⁴ 127.6 | 53 I 碘 5s²5p⁵ 126.9 | 54 Xe 氙 5s²5p⁶ 131.3 |
| 6 | 55 Cs 铯 6s¹ 133 | 56 Ba 钡 6s² 137.3 | 57～71 La～LU 镧系 | 72 Hf 铪 5d²6s² 178.5 | 73 Ta 钽 5d³6s² 181.0 | 74 W 钨 5d⁴6s² 184.0 | 75 Re 铼 5d⁵6s² 186.2 | 76 Os 锇 5d⁶6s² 190.2 | 77 Ir 铱 5d⁷6s² 192.2 | 78 Pt 铂 5d⁹6s¹ 195.0 | 79 Au 金 5d¹⁰6s¹ 197.0 | 80 Hg 汞 5d¹⁰6s² 200.6 | 81 Tl 铊 6s²6p¹ 204.5 | 82 Pb 铅 6s²6p² 237.0 | 83 Bi 铋 6s²6p³ 209.0 | 84 Po 钋 6s²6p⁴ [209] | 85 At 砹 6s²6p⁵ [210] | 86 Rn 氡 6s²6p⁶ [222] |
| 7 | 87 Fr 钫 7s¹ [223] | 88 Ra 镭 7s² [226] | 89～103 Ac～Lr 锕系 | 104 Rf 𬬻* 6d²7s² [261] | 105 Db 𬭊* 6d³7s² [262] | 106 Sg 𬭳* 6d⁴7s² [263] | 107 Bh 𬭛* 6d⁵7s² [264] | 108 Hs 𬭶* 6d⁶7s² [265] | 109 Mt 鿏* 6d⁷7s² [265] | 110 Uun * 6d⁸7s² [269] | 111 Uuu * [272] | 112 Uub * [277] | | | | | | |

**镧系**

| 57 La 镧 5d¹6s² 139.0 | 58 Ce 铈 4f¹5d¹6s² 140.0 | 59 Pr 镨 4f³6s² 141.0 | 60 Nd 钕 4f⁴6s² 144.0 | 61 Pm 钷 4f⁵6s² [145] | 62 Sm 钐 4f⁶6s² 150.5 | 63 Eu 铕 4f⁷6s² 152.0 | 64 Gd 钆 4f⁷5d¹6s² 157.0 | 65 Tb 铽 4f⁹6s² 159.0 | 66 Dy 镝 4f¹⁰6s² 162.5 | 67 Ho 钬 4f¹¹6s² 165.0 | 68 Er 铒 4f¹²6s² 167.0 | 69 Tm 铥 4f¹³6s² 169.0 | 70 Yb 镱 4f¹⁴6s² 173.0 | 71 Lu 镥 4f¹⁴5d¹6s² 175.0 |
|---|---|---|---|---|---|---|---|---|---|---|---|---|---|---|

**锕系**

| 89 Ac 锕 6d¹7s² [227] | 90 Th 钍 6d²7s² 232.0 | 91 Pa 镤 5f²6d¹7s² 231.0 | 92 U 铀 5f³6d¹7s² 238.0 | 93 Np 镎 5f⁴6d¹7s² 237.0 | 94 Pu 钚 * 5f⁶7s² [244] | 95 Am 镅 * 5f⁷7s² [243] | 96 Cm 锔 * 5f⁷6d¹7s² [247] | 97 Bk 锫 * 5f⁹7s² [247] | 98 Cf 锎 * 5f¹⁰7s² [251] | 99 Es 锿 * 5f¹¹7s² [252] | 100 Fm 镄 * 5f¹²7s² [257] | 101 Md 钔 * 5f¹³7s² [258] | 102 No 锘 * 5f¹⁴7s² [259] | 103 Lr 铹 * 5f¹⁴6d¹7s²(?) [260] |
|---|---|---|---|---|---|---|---|---|---|---|---|---|---|---|

**电子层与 0 族电子数**

| 电子层 | 0 族电子数 |
|---|---|
| K | 2 |
| L, K | 8, 2 |
| M, L, K | 8, 8, 2 |
| N, M, L, K | 8, 18, 8, 2 |
| O, N, M, L, K | 8, 18, 18, 8, 2 |
| P, O, N, M, L, K | 8, 18, 32, 18, 8, 2 |

注：
相对原子质量录自 1999 年国际原子量表，并全部取 4 位有效数字。

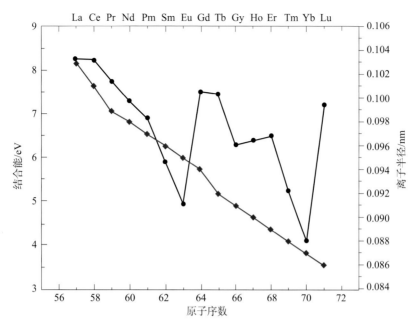

**图 2.3  Ln—O 的键能和离子半径与原子序数的关系**[15]

注：红色线为离子半径，黑色线为结合能

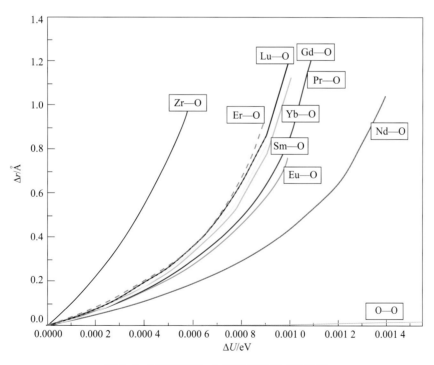

**图 2.4  不同原子和 O 原子间的振动随能量**

**升高偏离平衡位置的距离**[17]

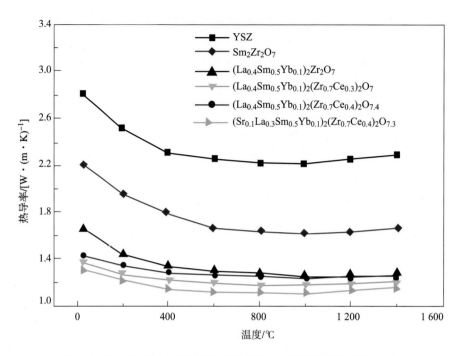

图 4.4　部分复杂稀土锆酸盐陶瓷材料的热导率随温度的变化曲线

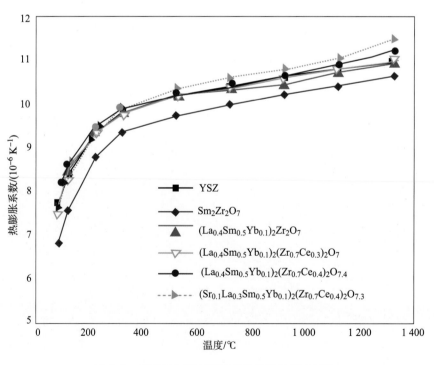

图 4.6　系列复杂稀土锆酸盐材料的热膨胀系数